樂活木工輕鬆作

木工雕刻機

與 Router Table 的魔法奇招

陳秉魁 著

目　錄

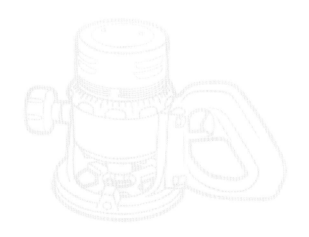

前 言

木工 的技法是千變萬化,只是有些較常用,有些不常用;有些可以用在很多種地方,有些只能用在特殊的狀況。以我們所示範的木工雕刻機與修邊機這兩台電動工具來說,過去我們都只拿來修邊、做花條;從作者的上一本書「做一個漂亮的木榫~木工雕刻機與修邊機的進階使用」,我們了解到它們可以用來做木榫。然而,不單如此而已,它們還可以做很多事,這就是本書要告訴讀者的。只是這也僅是舉其大要,也僅是作者以有限的智慧所能知曉的部份而已。還有許多的技法尚未被開發或收錄到,讀者閱讀完本書之後,可以展開個人的探索之旅,即能找到更多被遺漏的技法,也會發現木工的世界裏,到處充滿趣味與驚奇。

特別提醒注意

做木工是很快樂的事,但任何微小的失誤,都有可能造成巨大的傷害。從本書學習到的任何技巧,除非你覺得安全,不然不要嘗試。若有任何疑慮或覺得不妥,必須立即停止操作,而另尋其他更安全妥當且你可控制的方法。請隨時小心注意並遵守安全守則,以確保個人的安全。

第一章　木料的整平作業

一般整平木料，多採用壓鉋機配合平鉋機的方式來作業。但是對許多 DIY 工作者而言，常因預算、工作室太小或鄰居環境的因素，而無法購買使用。還有使用漂流木、二手木、太小塊的木料或翹曲變形很厲害的木料，往往用一般的方式來整平，不太容易。本章的目的，就是為了解決這些困擾，而提出的一些解決之道。但是我們必須先有基本認知，每一種方法都有其優點，也有其侷限性。讀者可以因不同的狀況來採用不同的技法，也可以舉一反三，重新整合或開發出更多的技法。甚至可以將這些技法原理，沿用到其他機器（如圓鋸機或帶鋸機），而發展出更多好用的技法。

廠商銷售的機器，通常只涵蓋最常用的一般功能。若要延伸機器的功效，則須製作輔助的「治具」〈Jig〉。而要自製出好用的治具，就須先了解機器的「特性」與「侷限」。以木工雕刻機及修邊機來說，他們的特性是「需要一個可以穩定站立的平台」及「一條遵行的路徑」。當治具具備了這兩個特性，就能發揮功能。而它們的侷限是「木工銑刀的長度」，換言之是「銑削的深度」。以木工雕刻機而言，一般是 6 公分，若使用加長的銑刀，約可達 7 公分，超過了可能會有危險。而修邊機一般是 3 公分，使用加長的銑刀可達 4 公分，超過長度一樣會有危險之虞。了解他們的特性與侷限，就有辦法來設計治具了。

本章把加大底板的做法放在最前面，並詳細說明製作的細節，是因為它同時也是一般做木工銑削台台面的方法。換言之，如果學會製作加大底板的技巧，自然有辦法做出傳統木工銑削台的機器固定台面。而每一種整平技法，各有它們的功能與侷限性，可以適時、適度的選用。

1-1 製作加大底板

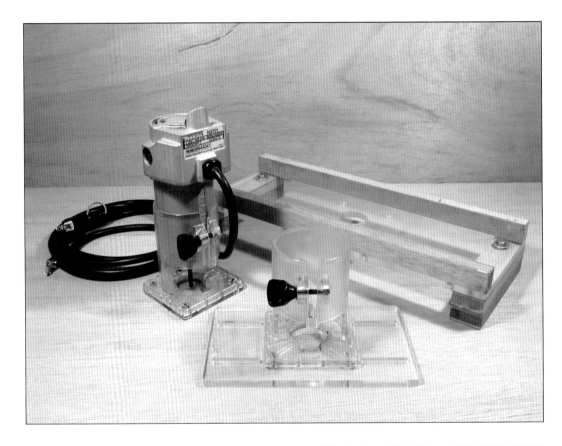

修邊機的壓克力底座，一般都很小。要搪稍大一點的孔，就很難控制平衡，若能換裝大一點的底板，就可以獲得改善。加大底板對於小木料的整平作業也很方便，特別是小樹枝、樹幹，利用長型的大底板，很容易就可以完成。

製作加大底板的壓克力板，一般用 8mm 厚就可以。如果要製作長型的加大底板，必須如上圖所示，在長邊各加裝一木條，才不會在使用過程壓彎了。壓克力板兩端的螺栓固定孔，可以開成槽狀或孔狀。槽狀的固定孔，較方便調整下方的木塊，但是沒栓緊會造成滑動，若木塊當作檔塊或止塊用途，會影響操作。固定孔的優缺點剛好與固定槽相反，要採用何種方式，端看自己的使用需求而定。

一般用途的加大底板，用 20cm（長）×12cm（寬）×8mm（厚）的壓克力板就可以。新買來的壓克力板，兩面都貼了一層保護紙，先不要撕掉。用鉛筆畫出兩條對角線，相交的點，就當做底板的中心點。

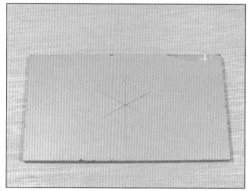

由前緣畫一垂直線，剛好通過中心點，當作中心線。

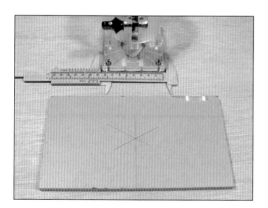

用游標卡尺量出壓克力底座的寬度。

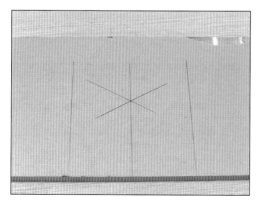

將底座寬度除以 "2"，所得的數據，以中心線為準，在左右側各畫出一條側邊線。

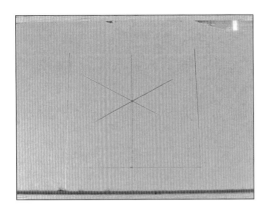

再以中心點為準，用同樣的數據，在前緣畫出一條水平線。

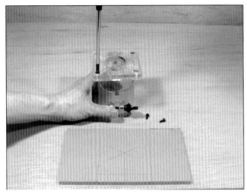

用螺絲起子將壓克力底座的底板拆下來。

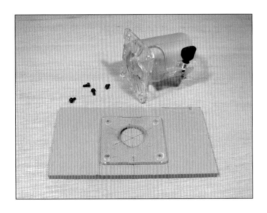

再將底板放在壓克力板上，左右兩側與前緣，對齊剛才畫好的線。

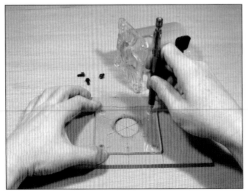

用鉛筆將底板的螺栓孔位置描繪出來。

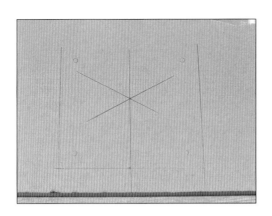

如左圖所示，四端的小圓孔，即是螺栓孔的位置，中心點則是修邊機的銑削孔圓心位置。

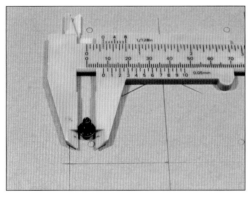

用游標卡尺先量出螺栓（含華司 Washer）的最寬度。

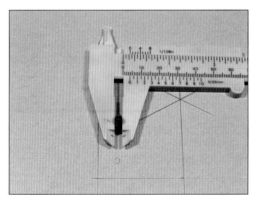

再量出螺栓的桿部寬度。

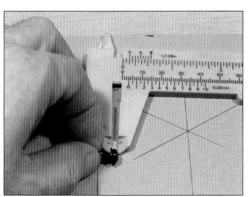

接著量出螺栓頭的厚度。

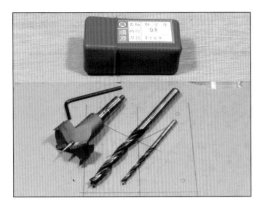

鑽孔需要三支不同的鑽尾，中央的銑刀孔，用 35mm 的取空刀（圖左）。固定螺栓孔的上端，用 10mm 的鑽尾（圖中）。螺栓桿通過的孔，用 4mm 的鑽尾（圖右）。

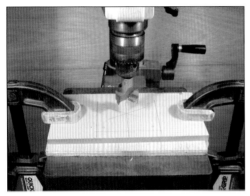

鑽孔最好用鑽床來進行，才能維持孔的垂直。由於取空刀的尺寸很大，壓克力板要用固定夾夾緊，鑽孔過程才不會發生危險。

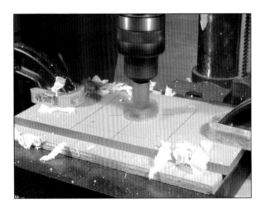

鑽孔過程，要控制鑽尾的壓入速度。太快會弄裂壓克力板；太慢會因為高熱，弄得鑽出來的孔很難看。

左圖是取空刀鑽好中心孔的情形，取空刀上的小圓板，是最後挖穿壓克力板，跟著取空刀中心錐上來的廢料。

接著用 10mm 鑽尾，按螺栓頭厚度加 1mm，先鑽出大孔。再用 4mm 鑽尾，從大孔中心，鑽透壓克力板。

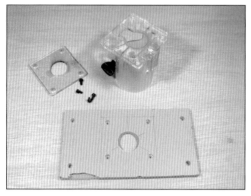

四端及中心的孔都鑽好之後，在壓克力板的寬邊兩側各鑽兩個孔，當作固定木塊的螺栓固定孔。固定孔的直徑，依所使用螺栓的桿部直徑而定，直接鑽透就可以。

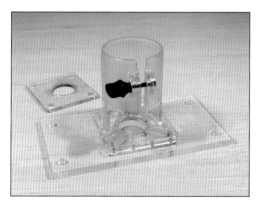

將保護紙撕掉，加大底板就完成了。使用時，只要拆下原來的底板，再用原來的螺栓，將加大底板栓回壓克力底座就可以了。

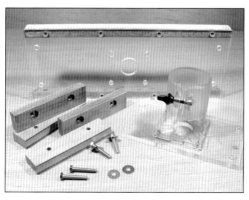

底板的固定木，用木芯板來做最方便。可以一次多做幾塊，最底下一片要先鑽一淺孔，再裝上 T 型螺帽。將來使用時，螺栓才不會凸出來，刮壞桌面。其餘的木塊，可以按使用需求來堆疊，用螺栓鎖緊固定。

1-2 加大底板的木料整平法

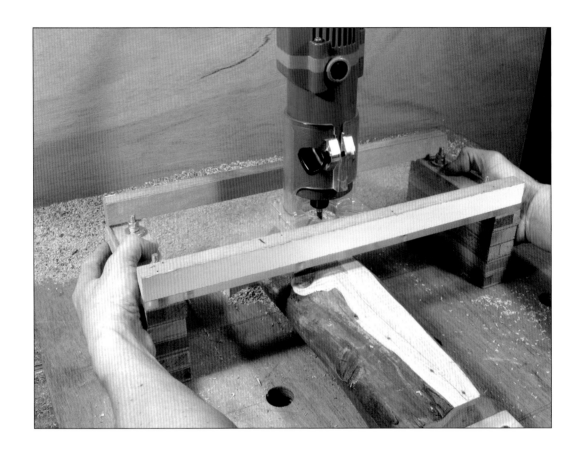

加大底板很適合用來整平較小的樹幹或較窄的木板；它的整平能力，根據我們使用的加大底板長度來決定。它的好處是設定的速度很快，但是遇到過粗的樹幹或過寬的木板，最好改用其他方法。

如果樹幹或木板，扭曲或彎翹得很厲害時，除了按照一般的固定方法固定好之外，懸空的部份，應該用小木塊或其他材料塞實，才不會在整平的過程，因為機器的施力而造成木料面的下陷不平。

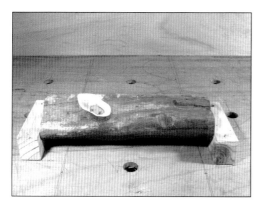

首先在樹幹的兩側各用一塊木塊固定住。固定的時候，每邊各用兩支螺釘，這樣木料才不會移動。然後再各用兩支螺釘，將木塊鎖緊在台面上。

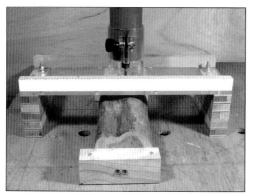

接著將修邊機的基座換上自製的加大底板，底板兩端用螺栓固定住小塊的木芯板，高度以底板不會碰到木料為原則。使用木芯板的原因是厚度都一樣，即使有誤差也很有限。

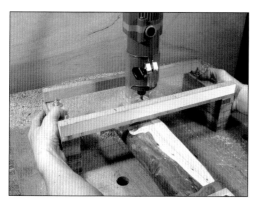

開始整平作業的時候，修邊機基座上的塑膠轉鈕要鎖緊。啟動修邊機後，用雙手扶著加大底板的兩端，左右推動修邊機，就可以修平木料。

完全修平後，即可拆除兩端的固定木塊，然後用砂紙磨細，整平作業就完成了。

1-3 自製直線導板的木料整平法

很多廠牌的木工雕刻機（如 Makita 或 Maktec）隨機器所附的直線導板，鋼棒都太短了，很不好使用。如果訂做一對 40cm 左右的不銹鋼棒，兩端都車螺牙，就非常方便。除了可以當直線導板外，還可以如本節用來整平木料，更有許多不同的用法，讀者不妨多去體會變化。

自製的鋼棒，一樣如直線導板，利用機器的兩個螺栓固定住。操作時，是移動整台機器；而不是任由機器在鋼棒間滑動。否則會很快把機器的鋼棒導孔磨損，就無法緊密的鎖定鋼棒了。

由於原廠的直線導板之鋼棒很短（見圖右），所以用相同圓徑的鋼

條製作加長的直線導板，並在鋼條兩端加車螺牙以固定導板。

將自製的導板鑽兩個孔，即可在下方加墊木塊。

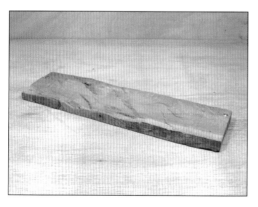

要整平的木料，先用螺釘在兩端固定好。

操作前，要先確認木工雕刻機的鋼棒固定螺栓是否鎖緊。一切沒有問題，再用雙手握住木工雕刻機，啓動開關，然後左右滑動，即可銑削木料至整平為止。

1-4 複合導尺的木料整平法

前兩節示範的技法，主要用來整平較細窄的木料或小枝、小幹，如果遇到粗短的樹幹，則可以改用本節的方法。

「複合導尺」與「導尺固定夾」可以很容易為木工雕刻機建立起操作平台；只要將樹幹固定好，再用固定夾來夾持住「導尺固定夾」，就可以安裝導尺，然後進行整平作業。因此，若已經按照拙著「做一個漂亮的木榫」製作了「複合導尺」與「導尺固定夾」的讀者，用這種方法來整平粗短的樹幹，可以很快速、很有效率。

先用木芯板做兩個如圖左的簡易固定架，然後每端各用兩支螺釘鎖緊在樹幹上。再用固定夾將簡易固定架夾緊在工作台上，以確保樹幹不會晃動。

樹幹的兩端架上「導尺固定夾」，用兩支 F 夾夾緊。

再安裝複合導尺，即可進行銑削。如果樹幹要整平的面積過大，無法一次整平時，可以分梯次，移動複合導尺再銑削即可。

銑削完，拆掉複合導尺與導尺固定夾，即可看到整得非常平坦的樹幹了。

1-5 製作木料整平治具

當木料寬過一個程度，或是長度很長，若用前述三種方法來做整平作業就不太方便；此時可以改用本節的「整平治具」或是第七節的「簡易萬向雲台」來進行。這一節先示範如何製作「整平治具」，下一節再說明整平的作業方法。

「整平治具」與「簡易萬向雲台」各有長處。整平治具的製作過程較簡單快速，但是整平木料的效率不如簡易萬向雲台，對於不常需要整平木料的人而言，不失一個可採用的方法。但是若常常需要整平木料，最好前期多花一點時間，製作「簡易萬向雲台」會比較好。

製作整平治具，用六分的木芯板與三分的三夾板就可以。三夾板要稍寬於木芯板，才架得住木工雕刻機。木芯板的寬度，依治具的長度而定；治具越長，木芯板的寬度要相對增加，治具才不會彎掉。

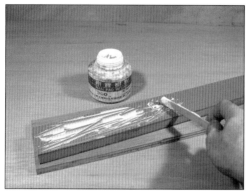

首先將木芯板和三夾板塗上膠，一邊對齊黏在一起。

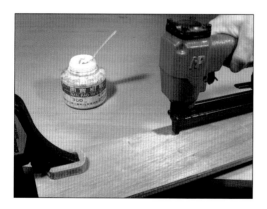

再將三夾板與木芯板釘在一起。

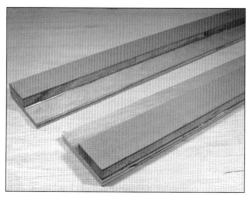

按上述的方式，將左右兩側的長條支撐架釘好。

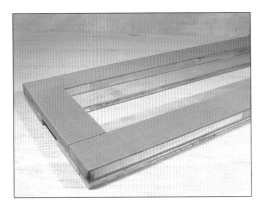

再在支撐架兩端釘兩塊橫木，將左右支撐架連結固定住。橫木的長度，是木工雕刻機底座的直徑加上一兩張影印紙的厚度即可。太寬則機器會左右晃，太窄則推不動機器。

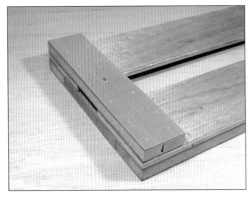

接著在遠端的橫木底面釘上一片木芯板，以墊高支撐架。

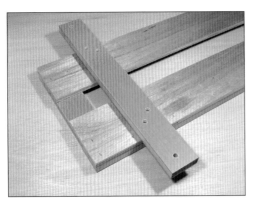

同樣在近端也釘上一片墊木，但是位置要稍往前移，這樣在銑削行程完成時，可以將木工雕刻機收在最前端處，不致於影響木料的位置調整。

圖左就是完成圖。如果要整平的木料較厚，可以在工作台面與墊木之間，加墊木芯板以增高整平治具。

1-6　整平治具的木料整平法

利用整平治具來整平木料，可以使用一般的 12mm 鉋花直刀或清底刀，如果想加快整平的速度，則可改用更大尺寸的鉋花直刀或清底刀。整平時，不可一次銑削太厚的木料，不然會因木料的劇烈震動，反而造成不平整。最好維持 1～2mm 的銑削深度，再看銑削的效果而機動調整，才能達到最佳的整平效果。

在整平的過程，木料的送料與固定方式，必須深加考慮。如何能快速移動木料後，又能及時穩定的固定住木料，是影響整平效率的重大因素。肘節夾固然是很好的選擇，偏心軸的壓板也是可以考慮的方法。如何挑選，端看讀者自己的喜好或擅長了。

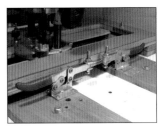

使用治具來整平木料，最好用肘節夾來固定木料，才能快速的固定與移動木料，增加整平的效率。

要整平的木料，可以先用螺釘固定在木芯板或三夾板上。螺釘的固定位置，最好用簽字筆標示出來，以免整平過程，銑刀不小心碰到而毀損。

遇到木料厚薄凹凸不平時，不必一直調整肘節夾，只需加墊小片的三夾板或舊桌墊剪成的塑膠墊片即可。

整平好的木料，只需拆下螺釘，並將兩端的廢木鋸掉，然後磨平即可。

1-7 簡易萬向雲台的木料整平法

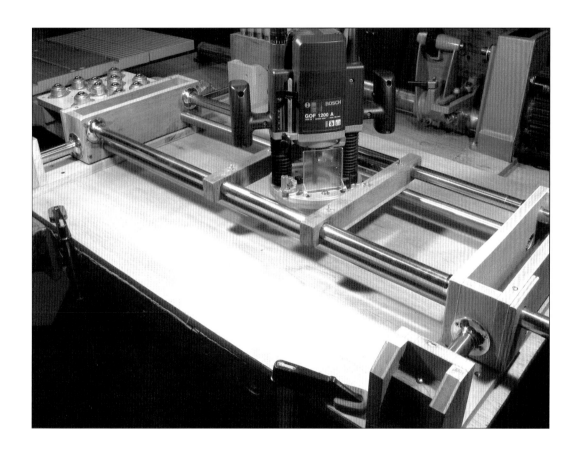

如果需要經常整平木料，使用簡易萬向雲台是很有效率的方法。萬向雲台的大小，可以按照個人的身高、場地及需求來決定。一般以長度不超過 120 公分，寬度不超過 90 公分，比較方便操作。

如以 120cm（L）× 90cm（W）的萬向雲台為例，可以很容易整平 70 公分寬的木料，長度則不受限（通常依工作場所與延伸台來決定）。就 DIY 工作者而言，要整平大塊的漂流木，非常容易。

延伸台可以用 60 公分寬的六分木芯板，長度則依工作物而定。木料的固定，可以用 1-2 節或 1-4 節的簡易固定架，以螺絲鎖緊木料即可。

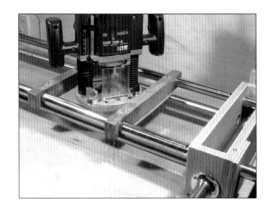

所有的滑桿，都使用一英吋的不銹鋼管，管壁越厚越堅固。長桿由於跨距較大，且承載木工雕刻機，為了避免使用中彎曲，所以用四根鋼管；上面兩根穿過木桿，下面兩根緊貼壓克力板，讓雲台能平穩的滑動。

短桿由左右兩側的木框從長桿下方穿過。

要整平的木料，一樣用螺釘固定。如果木料較厚，只需在短桿下方加墊木芯板，就可以墊高整個萬向雲台，來整平厚木料。

整平好的木料，只需鋸掉兩端的廢木，並磨平即可。

第二章　木工銑削台與治具

木工 銑削台 (Router Table) 是木工雕刻機的一項重要功能延伸，它的製作方法非常多，本章以目前常見的木工雕刻機當範例，教讀者按部就班來製作出銑削台及其有關的治具。

　　本章示範的兩款銑削台，其一是經過作者改良的傳統式銑削台，改善了壓克力板與四週木板接縫不平齊的問題。而且完全使用木芯板與三夾板來製作，比用壓克力板或鋁板省錢。另一款是為了方便工作空間狹小的工作者，特別設計的「複合式木工銑削台」，除了整合「導尺固定座」與「銑削台」成一體之外，同時具有製作複斜角度木榫的功能，讀者可以善加參考利用。

　　除了示範兩款平台式的銑削台外，同時示範橫式銑削台的簡易製作法。至於銑削台所使用的依板、推板等治具，本章也一一示範製作的方法。讀者可以一步一步學習來建立自己的銑削台系統。

　　至於傳統的銑削台，可以照「1-1 製作加大底板」的方法，先製作一片懸掛木工雕刻機的壓克力板；然後再按 2-1 節的示範方法做出面板，同時用螺栓鎖緊壓克力板即可；櫃體的做法則完全相同。

2-1 製作平台式木工銑削台

本節示範的平台式木工銑削台，是以 Makita 3600 固定底座式木工雕刻機當範本，來製作的木工銑削台。讀者使用的木工雕刻機，若非相同廠牌，只須注意懸掛孔的位置與機器底座的大小，再相對調整就可以了。為了避免傳統使用壓克力板或鋁板懸掛木工雕刻機，造成木料推進時容易卡料的情形，本範例改用三夾板一板到底，以增進操作的平順。

木工雕刻機銑削台材料清單：

A. 面板木料

面板底層	75cm（長）	56cm（寬）	六分木芯板 1 片
面板上層左、右側板	75cm（長）	16cm（寬）	五分三夾板 2 片
面板上層中間板	75cm（長）	20cm（寬）	五分三夾板 3 片

B. 櫃體木料

兩側板	75cm（長）	51cm（寬）	六分木芯板 2 片
背板	75cm（長）	61.4cm（寬）	六分木芯板 1 片
中、下承板	61.4cm（長）	49.2cm（寬）	六分木芯板 2 片
中隔板	42cm（長）	49.2cm（寬）	六分木芯板 1 片
上固定木條	61.4cm（長）	12cm（寬）	六分木芯板 2 片
左門板	45.2cm（長）	30.4cm（寬）	六分木芯板 1 片
右門板	45.2cm（長）	34.5cm（寬）	六分木芯板 1 片
上門板	64.9cm（長）	27.1cm（寬）	六分木芯板 1 片
輪子基板	10.5cm（長）	9.5cm（寬）	六分木芯板 4 片

C. 抽屜木料

左抽屜底板	46cm（長）	25.2cm（寬）	三分三夾板 6 片
右抽屜底板	46cm（長）	29.3cm（寬）	三分三夾板 2 片
左抽屜框前、後板	25.7cm（長）	4.5cm（寬）	六分木芯板 12 片
右抽屜框前、後板	29.3cm（長）	4.5cm（寬）	六分木芯板 4 片
抽屜左、右框板	42.5cm（長）	4.5cm（寬）	六分木芯板 16 片

D. 五金與配件

櫃門鉸鏈 4 片　　櫥櫃把手 2 個
櫥櫃吸鐵 2 個　　帶煞車的輪子 4 個
抽屜滑軌 8 組　　掛畫軌道 75cm 長 2 支
ㄩ型軌道 65cm 長 2 支

特別提醒：

本清單所列尺寸，依作者所使用之木料為準，讀者在製作自己的銑削台時，
仍需按照實際狀況自行調整。

木工雕刻機銑削台簡圖：

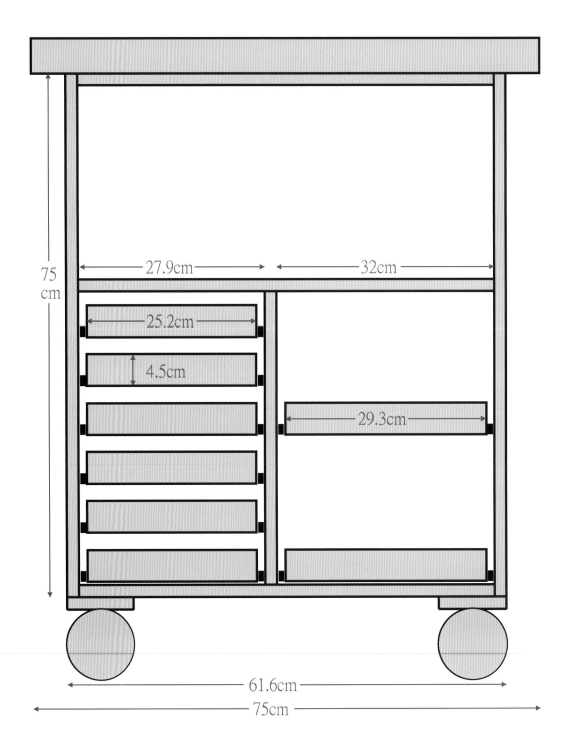

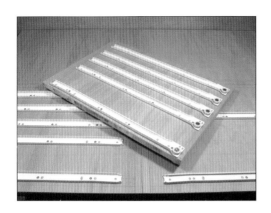

首先製作櫃體。開始製作組裝前,先將抽屜滑軌裝上,比較好作業。

櫃體的組裝,最方便是用白膠黏合再用釘槍固定。也可以用其他方法,只是較花時間而已。

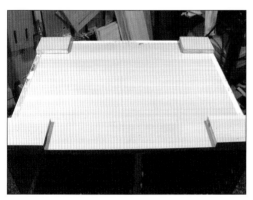

櫃體底面加裝四片木片,用來裝輪子,同時可以加強櫃體的堅固性。

輪子可以用螺栓或六角頭的螺釘來固定。四個輪子最好都有煞車裝置,將來使用時比較方便。

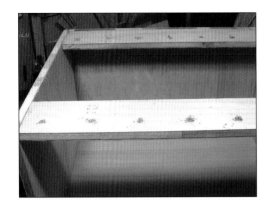

櫃體上方的撐木，前後各鑽一排孔，用來固定面板。

製做銑削台的面板，先用木工雕刻機配合 L 型導尺，搪出容納 D 型把手的矩形槽。

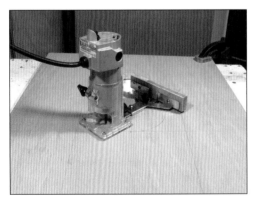

再用修邊機搬出容納木工雕刻機底座的圓孔。

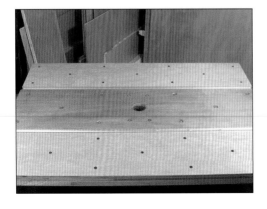

面板用 5mm 螺栓配合 T 型螺帽鎖緊。中間的面板用西門子地板臘推光過，顏色較深較光滑。兩側尚未打臘，與中間面板相較，顏色與光澤都有明顯不同。〈左圖是為了做比較而兩側未上臘，實際上要全部打臘推光。〉

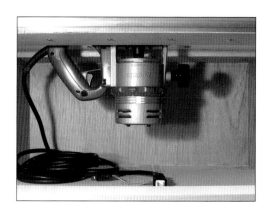

木工雕刻機用平頭的 6mm 螺栓固定住，平常就不拆下來，除非要更換上面的面板。

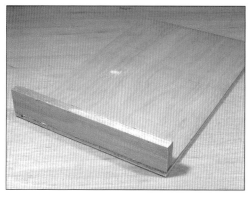

由於銑削台是以工作使用為主，所以內部抽屜用最省時方便的方式來製作。

先將抽屜的前板與底板用白膠黏合並用釘槍釘牢。

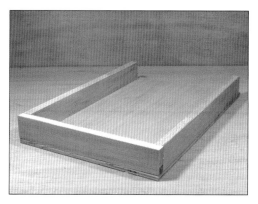

接著將兩側板一樣黏合，同時釘牢。

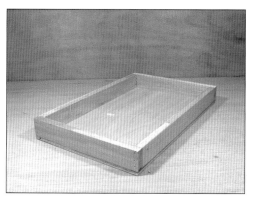

最後將後板也黏好釘牢；前後板與兩側板之間，也同樣要釘牢。

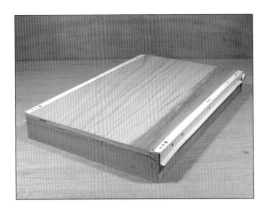

釘好的抽屜，翻過面裝上軌道，即可放入櫃子內。

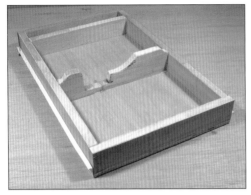

為了防止木工雕刻機收藏時晃動，可以加裝支撐架。

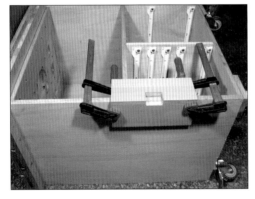

安裝櫃門的鉸鏈，可以用鉸鏈型板，修邊機銑削出鉸鏈孔。

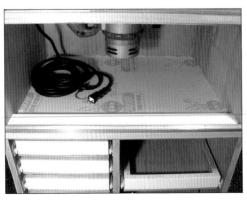

上格的防塵門，上下都裝上凵型軌道，然後裁一片木芯板當拉門。

只需左右推動即可打開，不用另裝把手。整個木工銑削台就完成了。

2-2 製作複合式銑削台

這款複合式銑削台是一項創新的設計,將筆者在「做一個漂亮的木榫」所示的導尺固定座及銑削台結合在一起。而且也更新了導尺固定座的功能,可以調整各種銑削角度,方便製作複斜角度的木榫。對於角材端面的銑削,也很容易固定。銑削台台面拆裝,只需鬆開〈或鎖緊〉四顆螺栓,程序很簡單。對於尚未製作導尺固定座的讀者,可以考慮採用本款設計。

複合式銑削台材料清單：

名　稱	數量	（長）	（寬）	（厚）	材　質
1. 面板中間上板	1 片	75cm	20cm	1.5cm	五分夾板
2. 面板兩側上板	2 片	75cm	18cm	1.5cm	同上
3. 面板下板	1 片	75cm	60cm	1.8cm	六分木芯板
4. 側板	4 片	73.1cm	18cm	1.8cm	同上
5. 承板	2 片	61.4cm	18cm	1.8cm	同上
6. 底板	2 片	61.4cm	19.5cm	1.8cm	同上
7. 中間豎板	2 片	57.8cm	19.5cm	1.8cm	同上
8. 櫃框外側板	2 片	54cm	19.5cm	1.8cm	同上
9. 前後固定座板	2 片	65cm	18cm	1.8cm	同上
10. 蓋板〈置料板〉	1 片	61.4cm	18cm	1.8cm	同上
11. 後上撐板	1 片	61.4cm	6.8cm	1.8cm	同上
12. 車輪墊木	4 片	9cm	9cm	1.8cm	同上
13. 櫃門板	2 片	65cm	23cm	1.8cm	同上
14. 後固定板橫撐	2 片	16cm	3cm	1.8cm	硬木
15. 置料架板	1 片	61.4cm	4cm	1.8cm	六分木芯板
16. 下擱板	1 片	57.7cm	17.8cm	1.8cm	同上
17. 上擱板	1 片	61.4cm	17.8cm	1.8cm	同上
18. 上擱板固定條	2 片	17.8cm	3cm	1.8cm	同上
19. 垂直置料架前板	1 片	18cm	15cm	1.8cm	同上
20. 垂直置料架後板	1 片	18cm	27cm	1.8cm	同上
21. 圓弧撐木	2 片	20cm	20cm	1.8cm	同上

五金配件

■ 5/16" 螺栓：
2-1/2" 長六組
2" 長四組

■ 1/4" 螺栓：
1-1/2" 長兩組

■ 五分木螺絲：
一盒

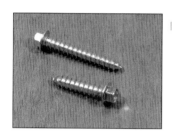

■ 六角頭螺絲：
1-1/4" 長 8 支
1-3/4" 長 8 支

■ 鋼琴鉸鏈：
60cm 長
一支

■ 櫃門鉸鏈：
5cm 長，4 支

■ 四角螺帽
〈T 型螺帽〉：
5/16" 四個
1/4" 四個。

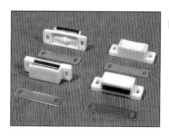

■ 櫃門吸鐵：：
4 組

■ 1" 染黑螺絲：
40 支

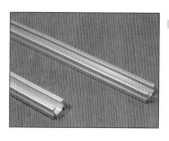

■ 鋁軌：
74.5cm 長
兩支

■ 5/8" 五分圓頭
螺絲：
20 支

■ 帶煞車車輪：
4 個

首先將承板與櫃框外側板抹白膠釘在一起。

接著將中間豎板抹白膠釘上。

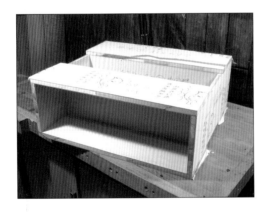

再將底板一樣抹白膠釘好。這樣底框就做好了。

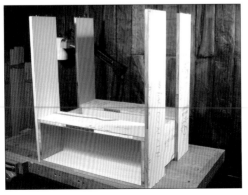

將底框翻過來，底板朝下，然後在四端釘上側板。

接著釘上後上撐條。

然後釘上前固定座板。

後固定座板是可以前後移動調整位置。製作時，實木的橫撐先夾緊在側板，然後塗上白膠，要注意不可以將白膠沾到側板。

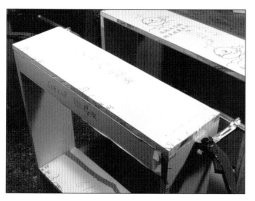

然後用釘槍將後固定板釘在撐木上。

在後側板的兩側，相距 3cm 各鑽兩個固定孔，撐木也鑽出整排對應的固定孔。

要當導尺固定座用途時，可以鎖定撐木後端的固定孔，將後固定座板推出。

前蓋板〈亦即置料板〉與前固定座板用鋼琴鉸鏈結合在一起。鎖鉸鏈時，可以在背面墊一片木板，然後將鉸鏈夾緊，這樣比較方便鎖上螺絲。

鉸鏈必須與置料板的面切齊，不可以凸出，不然會妨礙工作物的固定。

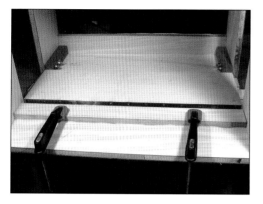

為了方便將鉸鏈裝上前固定板,可以夾一片止木,然後將鉸鏈頂緊止木,同時調整左右間隙,即可很準確的鎖上鉸鏈。

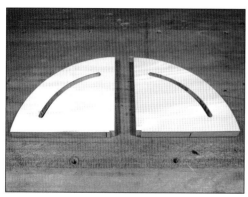

用修邊機銑削出兩片圓弧撐木。

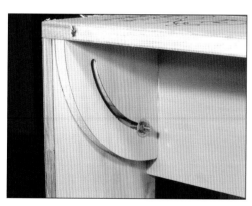

再將圓弧撐木塗膠釘到置料板上。兩側的側板則各鑽一個孔,裝上 5/16" 的螺栓,將置料板固定住。

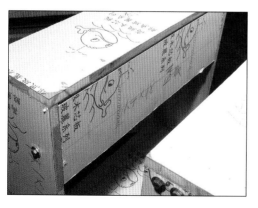

置料板通常是固定在垂直的位置〈如圖左〉,若要使用斜角的功能〈例如製作複斜的木榫〉,可以將置料板推出到需求的角度〈如圖右〉。

前後板之間的中空處，可以放上下擱板，當作臨時的置物空間。

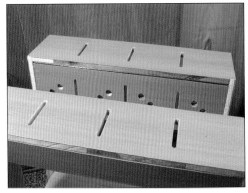

前後兩片上固定座板，分別搪出三道 9mm 的槽，用來固定 L 型導尺。。

置料板一樣搪出三道 9mm 的固定槽，用來固定置料架。固定槽兩側分別鑽出直徑 20mm 的圓孔，可以使用快速夾來夾住工作物。

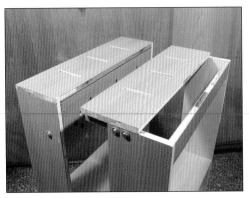

把後固定座板推出，就可以裝上 L 型導尺來使用。

置料架可以按照自己的需求來製作，最簡單的方式就是用木芯板或厚一點的三夾板，一寬一窄釘在一起，然後鑽出一個固定孔及一道固定槽就可以了。

使用時，先用螺栓把料架鎖緊在置料板上，然後放上工作物，再用快速夾夾緊。快速夾可以先拆下前面的夾頭，然後鋼柄穿過置料板的圓孔，再裝回夾頭，就可以操作。

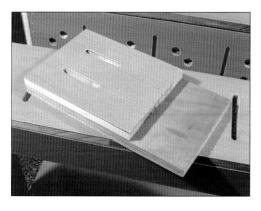

垂直置料架可以按前述材料清單尺寸釘好，再銑削出兩道固定槽，然後用兩支 5/16" 的螺栓固定。

工作物用兩支快速夾固定，也可以改用肘節夾。如果工作物較長，可以拆掉底下的擱板，就不會妨礙操作了。

如果常製作較大家具，可以做一個長置料架。取兩片長約 100cm 至 120cm 的六分木芯板，寬約 8.5cm 至 9cm，如圖左釘牢，然後裝上肘節夾即可。

安裝一樣是用 5/16" 的螺栓固定。

工作物前端放置在置料架中間再多一點的位置。

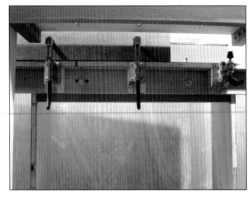

這樣就可以用兩支肘節夾很穩固的夾緊。

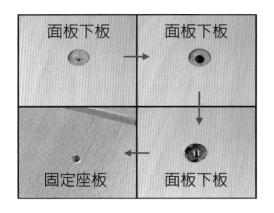

面板下板與固定座板用 5/16" 的螺栓與四角螺帽固定。先按四角螺帽的直徑鑽出 3mm 深的孔，再順著圓心鑽 9mm 的孔，就可以裝上四角螺帽。固定座板一樣鑽出 9mm 的孔，這樣就可以固定住銑削台面板了。

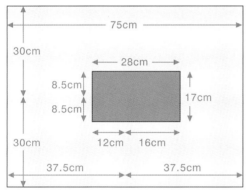

面板下板按圖左尺寸，將中央的孔銑削出來。

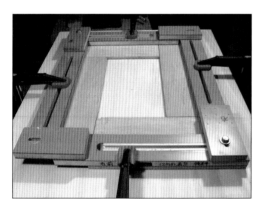

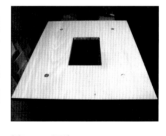

銑削面板下板中央的孔，可以利用複合導尺。〈請參照拙著「做一個漂亮的木榫」第 33 頁〉

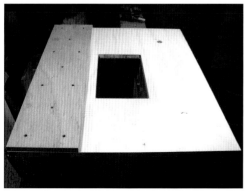

銑削好面板下板中央的孔，就可以安裝面板上板的外側板。

接著裝上軌道。

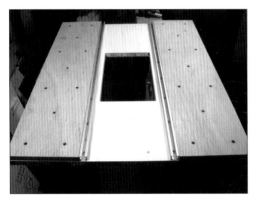

一樣的方式，裝上另一側的面板與軌道，注意兩條軌道一定要平行。

中間的面板上板，按 5-1 圓弧治具的做法，做出木工雕刻機的懸吊系統。

然後裝上木工雕刻機。

再將木工雕刻機從下板中央穿過去，用螺絲把中間上板與下板固定起來，就完工了。

由面板下方可以看清楚木工雕刻機的懸吊情形。

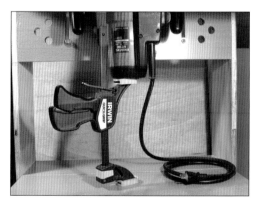

要升降木工雕刻機，可以把快速夾的夾頭倒裝當作頂高器，這樣就能輕易的調整銑刀的高度了。

銑削台平常不用的時候，還可以當工作室的活動置物台。如果將高度設計與圓鋸機同高，也可以充當圓鋸機延伸台。

2-3 製作依板

材料清單：

1.	底板	83cm（長）x 12cm（寬）	六分木芯板 1 片
2.	豎板	83cm（長）x 12cm（寬）	六分木芯板 1 片
3.	背撐板	10.3cm（長）x 12cm（寬）	六分木芯板 4 片
4.	吸塵孔板	6cm（長）x 12cm（寬）	六分木芯板 1 片
5.	上依板	83cm（長）x 3cm（寬）	五分三夾板 1 片
6.	左右依板	41.5cm（長）x 7cm（寬）	五分三夾板 2 片
7.	左右底木塊	13.7cm（長）x 4cm（寬）	六分木芯板 2 片
8.	掛畫軌道 83cm 一支		
9.	5mm×35mm 圓頭螺栓六支		
10.	5mm T 型螺帽六個		

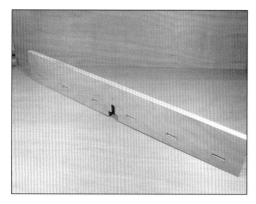

首先將豎板與底板的銑刀孔及螺栓固
定孔銑削出來，然後上膠用釘槍釘
牢。

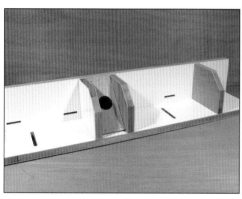

將背撐板及吸塵孔板一樣上膠釘牢，
要注意豎板與底板需維持直角。

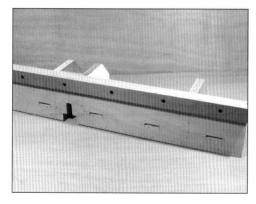

在豎板的上緣，將上依板用螺釘鎖牢
固定。

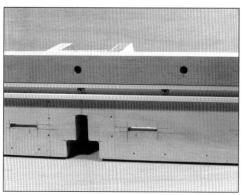

接著將掛畫軌道靠緊上依板，一樣
用螺釘固定。

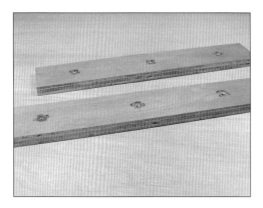

左右依板鑽出螺栓孔，同時裝上 T 型螺帽。

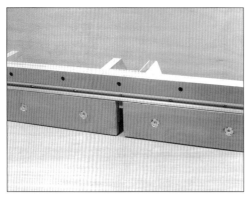

裝上左右依板，兩片依板間的縫隙，按照所使用的木工銑刀大小來調整。

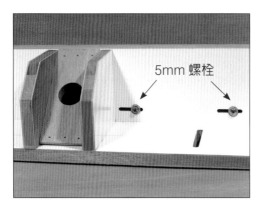

5mm 的圓頭螺栓由後往前將左右依板固定住。

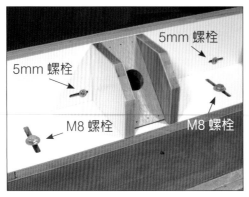

將依板放在銑削台上，用 M8 螺栓配合四角螺帽來固定。也可以在依板兩端，用固定夾夾在台面上固定。

2-4 製作推板

推 板的做法與依板很類似，只是下方多加裝滑軌而已。它的用途很多，尤其是做鳩尾榫的尾部，更是好用。

材料清單：

	名稱	尺寸	材質
1.	底板	56cm（長）x 18cm（寬）	六分木芯板 1 片
2.	豎板	56cm（長）x 12cm（寬）	六分木芯板 1 片
3.	木把手	18cm（長）x 10.3cm（寬）	六分木芯板 2 片
4.	滑軌木	20cm（長）x 10cm（寬）x 1.5cm（厚）	硬木 1 片

〈本例是以平台式銑削台為範例；若使用在複合式銑削台，則材料 1. 及 2. 之木料長度，需調整為 60cm 長。〉

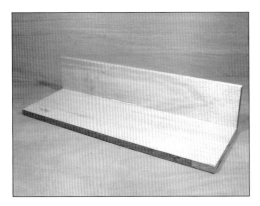

首先將底板與豎板先黏合，然後用釘槍釘牢。釘的時候，要避開正中央約 5 公分的距離，以免將來操作時，木工銑刀碰到釘槍針而毀損。

把手可以用線鋸機先鋸出來，然後用砂紙將邊緣導角磨滑，才會好握。一樣也是先黏合再釘牢，但要記得頂緊豎板與底板，同時檢查是否成直角。

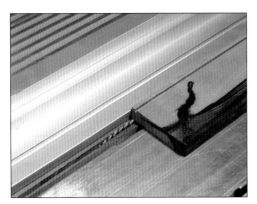

軌道木用 15mm 厚的硬木。先將圓鋸機的鋸片調到 4.5mm 的高度，再依板定在離鋸片 5mm 處，然後將軌道木兩側每一面都鋸出滑軌槽。

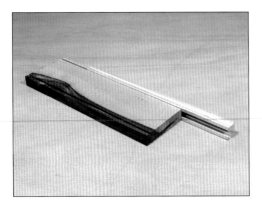

取一段掛畫軌道來測試，看看是否順利滑動。如果太緊，就再調高鋸片，重新鋸一次，然後再測試，到完全順利滑動為止。

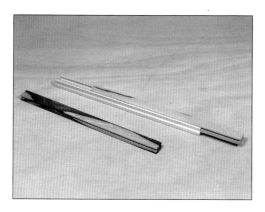

測試沒問題後，即可用圓鋸機將滑軌鋸下來。滑軌的厚度按銑削台來決定，本範例為 10.5mm。

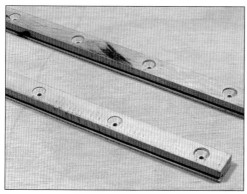

在滑軌的背面，用沙拉刀鑽出螺釘孔。要特別注意別鑽錯面。

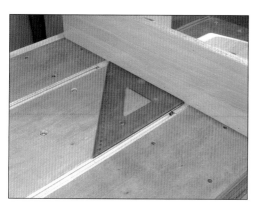

將兩支滑軌都插入軌道內，然後放上推板，用三角板定出與軌道的直角；再用鉛筆標示出滑軌在推板上的位置，前後都要標示出來，才不會斜掉。

用六分的螺釘將滑軌鎖緊在底板底部，然後裝入銑削台，前後推動。

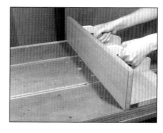

如果太緊，將滑軌上亮亮的部份用鑿刀刮掉，再測試至完全滑順為止。

2-5 製作推台

推台用於製作方榫的榫頭，非常方便快速，尤其需要製作大量的方榫時，更具功效。

材料清單：

1. 底板	30cm（長）x 20cm（寬）		三分三夾板 1 片
2. 下導木	20cm（長）x 3cm（寬）		六分木芯板 1 片
3. 木滑軌	20cm（長）		硬木 1 支
4. 橫木	30cm（長）x 4cm（寬）		六分木芯板 1 片

〈本例是以平台式銑削台為範例；若使用在複合式銑削台，則材料 1 之底板長度，需調整為 32cm 長。〉

首先依前節的方法，用螺釘將滑軌鎖緊在底板上。底板左緣要凸出銑削台約 2 公分，然後測試是否滑順。

用釘槍將下導木釘在底板上。釘的時候，下導木與銑削台緣放一小片影印紙，這樣推台與銑削台才會有游隙，才可以順利滑動。

木工雕刻機裝上 12mm 鉋花直刀然後啓動，將推台右緣多餘的木料銑削掉，即就可做成 Zero-clearence 的推台。

再把推台左緣與下導木不平齊的部份，用修邊刀修平。然後在推台的後端釘上橫木，推台就完成了。

2-6 製作楔片推台

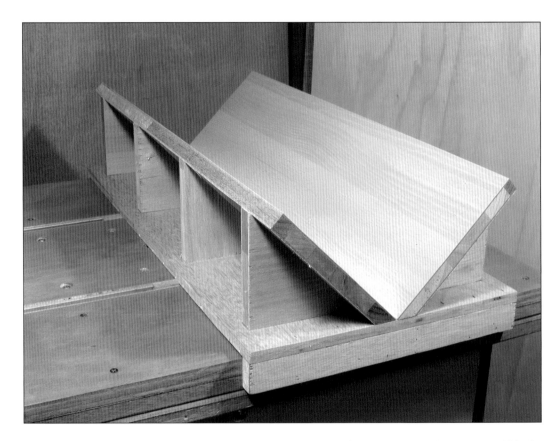

楔片也稱作鍵片，是為了增加框、盒的接合強度，而採用的一種接合方式。而楔片推台，就是為了方便在銑削台上銑削出楔片插槽而製作的治具，其做法不難，只須注意維持直角就可以。

材料清單：

1. 底板	60cm（長）x 30cm（寬）		四分三夾板 1 片
2. 下導木	30cm（長）x 3cm（寬）		六分木芯板 2 片
3. 直角板	60cm（長）x 17cm（寬）		六分木芯板 2 片
4. 撐木	11cm（長）x 11cm（寬）		六分木芯板 8 片
5. 滑軌	32cm（長）		硬木 2 支

〈本例是以平台式銑削台為範例；若使用在複合式銑削台，則材料 1. 及 3. 之木料長度，需調整為 64cm 長。〉

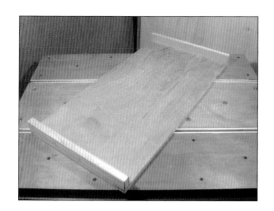

首先將底板的底面兩端，分別釘上一支下導木。

按照製作推板的方法，用螺釘鎖住滑軌，同時測試是否滑順。

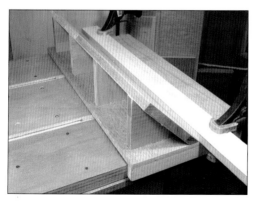

在底板的中心線夾上一木條，然後黏上一片直角板，同時將直角板背面的撐木亦一併黏好。待膠乾固後，用釘槍釘牢補強。

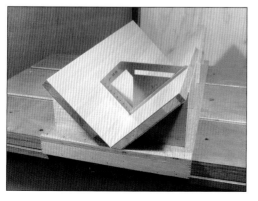

拆掉木條，按相同的方式製作另一側的直角板。製作過程，用直角規

測量，一定要維持直角才可以。

2-7 橫式銑削台

橫式銑削台做方榫榫孔，較平台式銑削台安全且簡單，所以我們特別提出來介紹。透過雲台的操控，可以很容易的做出方榫的榫頭與榫孔；至於其他的三缺榫，也一樣能做出來。

橫式銑削台的樣式有很多種，為了節省製作時間，這裡示範的做法是利用平台式銑削台的台面，這樣就不必另做軌道了。

銑削台材料清單：

1.	前板	50cm（長）x 50cm（寬）	六分木芯板 1 片
2.	後外側板	50cm（長）x 8cm（寬）	五分三夾板 2 片
3.	後中間板	50cm（長）x 30cm（寬）	五分三夾板 1 片
4.	微調架前板	50cm（長）x 10cm（寬）	六分木芯板 1 片
5.	微調架後外側板	8cm（長）x 10cm（寬）	五分三夾板 2 片
6.	微調架中間板	30cm（長）x 8cm（寬）	五分三夾板 1 片
7.	微調撐	6cm（長）x 3.5cm（寬）x 3cm（厚）	六分木芯板 1 片
8.	掛畫軌道	70cm（長）	兩支

雲台材料清單：

1.	下雲台底板	45cm（長）x 30cm（寬）	六分木芯板 1 片
2.	下雲台側板	45cm（長）x 7.5cm（寬）	五分三夾板 2 片
3.	下雲台中間板	45cm（長）x 11cm（寬）	五分三夾板 1 片
4.	檔板	30cm（長）x 11cm（寬）	六分木芯板 1 片
5.	下雲台之掛畫軌道	45cm（長）	兩支
6.	下雲台之滑軌木	30cm（長）	兩支
7.	上雲台底板	35cm（長）x 30cm（寬）	六分木芯板 1 片
8.	上雲台側板	30cm（長）x 8cm（寬）	五分三夾板 2 片
9.	上雲台中間板	30cm（長）x 15cm（寬）	五分三夾板 1 片
10.	上雲台之掛畫軌道	30cm（長）	兩支
11.	上雲台之滑軌木	37cm（長）	兩支

將兩支掛畫軌道垂直於銑削台台面，固定在銑削台背面；兩支軌道要互相平行。

按照平台式銑削台面板的做法，做出橫式銑削台面板，只是不裝軌道。

面板背面銑削出木工雕刻機的掛台，同時鑽出懸掛孔。正中央再鑽出

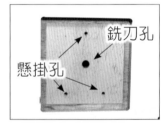

一個 15mm 的孔，供木工銑刀穿出。

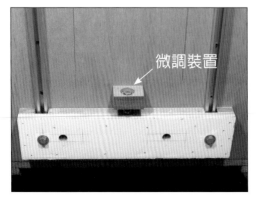

微調裝置

軌道下方，可以做一個微調裝置。

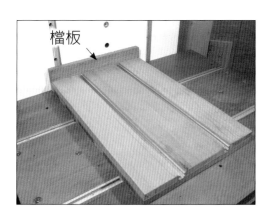

檔板

雲台面板的製作方法，也與平台式銑削台面板的製作方法相同，所以不再贅述。做好下雲台面板，在靠近橫式銑削台那一端，釘上檔板。

雲台底面的滑軌，與上面的掛畫軌道成垂直方向裝設。裝設的方法，可以參考前面推板的做法。

上雲台的做法與下雲台相同，滑軌一樣也與掛軌道成垂直方向。

上下雲台都做好，結合起來成為一個完整的橫式銑削台的雲台。

操作橫式銑削台時，先將銑削台板拉高到適當位置，用螺栓固定住，然後裝上木工雕刻機。

裝上雲台，然後調整木工銑刀的高低位置，以符合工作物的需求。

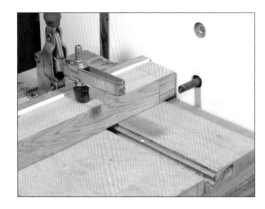

製作榫頭時，雲台通常由左往右推進，這樣比較不會震動。但是也有一些工作者，喜歡由右往左推進；使用這種方式，每次進料少一點，一樣也可以。

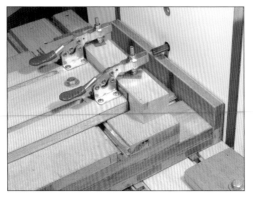

製作榫孔時，就像手持方式的搪孔，雲台由任何方向推進都可以，只是每次進料不可太多，才不會傷害機器與木工銑刀。為了提高更換木料的速率，可以用肘節夾來輔助固定。

2-8　修邊機銑削台的吸塵裝置

我們在前一本書：「做一個漂亮的木榫」第 9-1 節「指接榫」（第 147 頁），有示範修邊機銑削台的使用。面板上的吸塵裝置，可以參考木工雕刻機銑削台有關治具的做法；至於面板下的吸塵裝置，則是本節要說明的重點。

　　修邊機由於機體較小，銑削台面可以用大塊的壓克力板來完成，製作方法可以參考第 1-1 節加大底板的做法。與之配合的下吸式吸塵裝置，可以用塑膠水管來製作。

取一塊 30cm（長）×7cm（寬）×3cm（厚）的木條，將邊緣用 1/4R 刀導成圓角，然後用固定夾夾緊在工作台緣。

取一段 2-1/4" × 20cm（長）的塑膠水管，用瓦斯噴燈將一端烤軟，然後套入木條。

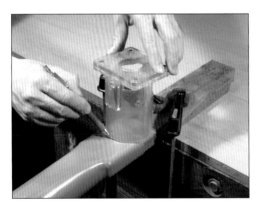

等塑膠管冷卻後，用壓克力底座的緣，在水管上畫出一圓弧。

用弓鋸將圓弧的廢料鋸掉，同時用鑿刀在一側鑿出方缺口。

將塑膠水管套回木條，然後用瓦斯噴燈烤熱另一端，再將吸塵器的吸嘴擠進塑膠管。

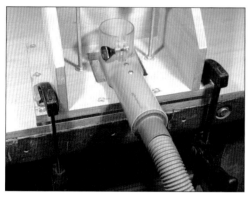

等塑膠管冷卻後，即可從木條上取下來，裝入修邊機銑削台，再用螺釘固定住。

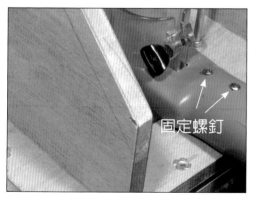

固定螺釘

固定的螺釘，最好用兩支，塑膠管在使用時，才不會晃動。

使用時，只要固定好銑削台，裝上修邊機並接上吸塵管即可。不用時，可以快速的拔掉吸塵器的吸塵管，非常容易、方便。

第三章　木工銑削台的應用技法

我們按照前一章做好了木工銑削台，接下來就要來看木工銑削台可以做什麼？

　　在木工銑削台的眾多功能中，有關做木榫的部份，我們單獨放在第四章來說明，其他的應用技法，則利用這一章示範給讀者瞭解。當然這些並非應用技法的全部，而只是一些較特別且實用的技法，提供讀者在木工製作過程多一些可選擇的替代方案。

　　本章示範的技法，雖然有許多專用機器可以做的更好。例如做圓木條，木工車床可以做得更完美，但是沒有木工銑削台來得快。至於沒有木工車床的人，要製作圓木條或圓柱，更是不用受限於沒有木工車床的煩惱。

　　只是這些技法並非唯一的技法，同樣是做圓木條，也可以找出許許多多的方法。所以讀者千萬不要受限於本章所示範的技法，大可多動點腦筋想出更新或更完美的方式，來製作自己的作品。這樣才能真正的透過思考與執行，而達到技術的成長與進步。

3-1　修邊刀的型板銑削作業

利用修邊刀及型板，銑削桌腳、椅腳等大型工作物，不會有什麼大問題。但是較小的工作物如飾板、飾條類，就須特別小心，才不會發生危險。本節就是要告訴讀者，有關較小工作物的型板銑削作業方法。

　　型板銑削作業，因使用銑刀的差異，而有不同的銑削方式。基本上，使用修邊刀時，型板放在工作物上方；使用後鈕刀時，型板置於工作物下方。也因此，其夾持的治具，製作時也有所差異。我們就利用這一節與下一節分別示範介紹。

為了安全銑削，可以製作簡單的夾持治具，來夾住工作物與型板。在夾持治具上裝肘節夾，可以有效且快速的夾緊工作物與型板。夾持治具的底板不必太厚，用兩分或三分的三夾板就可以；寬度要比型板的最窄處略窄。

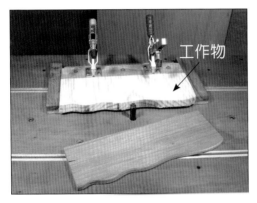

工作物先用帶鋸機或手提線鋸機將廢料鋸除，只留 1mm 左右來銑削，會比較快速且不傷木工銑刀。工作物放在夾持治具上時，若不能靠緊，可以在縫隙塞入木片或塑膠片頂緊，銑削過程才不會因震動而移位。

放置型板時，要對齊擬銑削的線，然後用肘節夾將工作物與型板一起夾緊。

銑削時，工作物是由右向左推進來銑削；但是遇到逆木理時，則須由左向右相反方向銑削，才不會打壞工作物。相反方向銑削時，較不好控制，所以要抓穩夾持治具。

修邊刀的培林（Bearing）高度，要恰好碰到型板，刀刃則要能完全銑削到工作物。由於最下層的夾持治具底板較工作物窄，所以不會碰到修邊刀。

破裂處

當銑削到最後端時，工作物會有被修邊刀打裂的情況。要消除這種狀況，可以加一片廢木在側邊頂住，就可避免。另一種方法，將工作物多留一點餘木，當銑削完畢，再將餘木鋸除，也可以去除破裂部份。

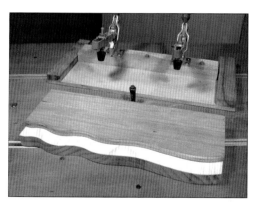

銑削完，扳開肘節夾，取下型板與工作物。從左圖來看，即可知兩者之弧度曲線完全相同。

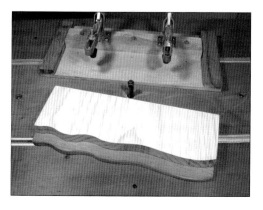

將工作物放在型板上來比較，可以瞭解，兩者的曲線弧度是一樣的。

3-2 後鈕刀的型板銑削作業

利用後鈕刀的型板銑削與前一節不同處，是型板放在工作物下方，所以型板通常會與夾持治具做在一起。換句話說，在做型板時，就預先留下左右檔塊及後端肘節夾固定木條的位置，然後直接將檔塊及固定木條釘上去，與型板結合在一起。

以銑削台的型板銑削作業而言，當然是用後鈕刀比較方便且容易操作。但是後鈕刀並不像修邊刀容易購得，而且現成的後鈕刀刃長都不很長，用在一般的板類尚不會有問題；若要用在柱類的工作物，即會發覺刀刃太短，需要訂製更長刀刃的後鈕刀，或是改用修邊刀按前節的方式來銑削才可以。

後鈕刀（左圖前）與修邊刀（左圖後）主要功能都是修邊，兩者的差別在於培林（Bearing）的位置。後鈕刀的培林由於套在銑刀柄上，培林都較大粒，因此後鈕刀的尺寸都較大。

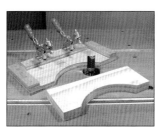

為了延長木工銑刀的使用壽命，工作物的廢料可以先用帶鋸機大致鋸除，留1mm左右用後鈕刀來銑削掉。肘節夾若無橡膠頭，可以用舊塑膠桌墊剪來當墊片。

銑削的方式，與前一節修邊刀相同。原則上由右向左推進工作物，若遇逆木理時，就相反方向推進。

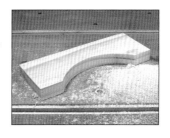

銑削完，扳開肘節夾，即可看到工作物的凹圓弧已做出來。（見圖右）

3-3 木料的取直作業

整平與取直作業，是木料加工的必要程序。我們在第一章已示範了很多種整平的方法；至於取直作業，最常用直線導尺來做。這裡則介紹利用木工銑削台的一種簡易方式，無論長短、寬窄、甚至翹曲的木板，都可以很容易的做好取直作業。

這個技法也可以應用在圓鋸機的取直作業。只要先用第一章的方法將木料整平後，再用圓鋸機將木料取直，最後將木料兩端切直，即可將木料整理就緒。

取一片長約 80 公分的筆直三分三夾板當依板，在一邊的中間位置離邊緣 1 公分左右，鑽一個 15mm 的孔當銑削孔。再將依板上的銑刀孔，套在鉋花直刀上。依板兩側，用固定夾夾緊。

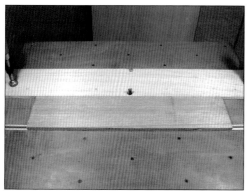

取一片相同厚度或更厚的板，當作底板。底板的長度，比要取直的木料略長一些即可。

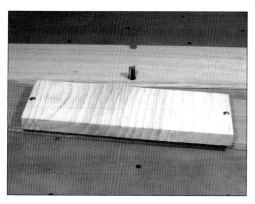

將木料用螺釘固定在底板上，要銑削掉的部份需凸出底板邊緣。

啟動木工雕刻機，由右向左推進底板。底板要記得靠緊依板，即可取直木料。

3-4 用銑削台做圓木條

大部份人第一個想到做圓木條的方法，都是木工車床。可是要車製粗細完全相同的圓木條，甚至很多支圓徑都相同的圓木條，可需要很長久的練習，才有能力做到。或許有人會想：「我買現成的就可以了。」但是若沒有符合需要的木料、顏色或圓徑時，就只好徒呼奈何或勉強遷就了。

　　這一節要告訴讀者，只要一支「正半丸刀」配合下列的步驟，任何人都可以做出漂亮的圓木條。

做圓木條最好用「正半丸刀」（見圖左），因為它銑削出來的木料是剛好二分之一圓。有些人會用 1/4R 刀來做圓木條，但是它並不會剛好四分之一圓，做出來的效果不如正半丸刀。

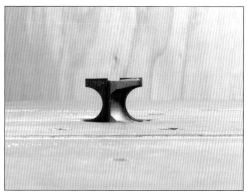

首先將正半丸刀圓刃的最下緣，調至剛好與銑削台的台面一樣高。

再調整依板，讓依板的豎面剛好與正半丸刀的圓弧最右點切齊。這兩個調整動作必須很仔細，因為其將決定做出來的圓木條夠不夠圓。

接著調整左右依板，距正半丸刀左右約各 1mm。

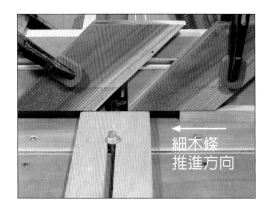

按「細木條銑削法」的操作法，在依板上用羽毛板來壓住細木條。細木條要鋸的方正且符合尺寸，這樣做出來的圓木條材會圓。細木條由右向左推進，等右邊快推到盡頭，就改由左邊抽出。

正半丸刀銑削一次，可以做出 180°的半圓，如果細木條夠方正，則能做出很平滑的弧線。

將銑削了半圓的細木條倒轉，讓原來的前端轉過來成為尾端，已銑削成半圓的部份朝外，尚未銑削那一面靠緊依板，然後再銑削一次，即可做出全圓的圓木條。

圓木條的尺寸，隨使用的正半丸刀的直徑而不同。因此要做不同直徑的圓木條，就須選用符合直徑的正半丸刀，同時細木條也需一併調整大小。

3-5　用銑削台做圓柱

用正半丸刀做圓木條雖是很快速的方法，但是圓徑若較大，就不適宜；若改用本節的方法，在兩側裝上圓的型板，就很方便。除了可以做圓柱，只要改變型板的樣式，即使是圓錐體、橢圓型柱、菱型柱或其他不規則型柱體，都可以做得出來。

如果要做較長的柱體，銑削台面與依板需要按工作物而調整長度，一般約為工作物加上型板的總長二倍以上才夠。

做圓柱的圓型板可以用圓孔鋸鋸出來，型板的直徑需比方木條的對角線大才可以。

方木條與圓型板每側均用兩支螺釘固定，木工雕刻機則裝 上 12mm 鉋花直 刀備用。

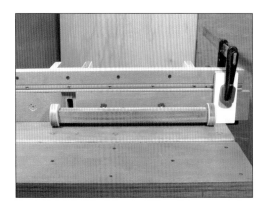 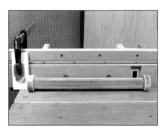

首先安裝依板，然後裝上左右擋塊。擋塊的位置，必須保持另一端的圓型板與鉋花直刀間約有一至二公分距離，以策安全。

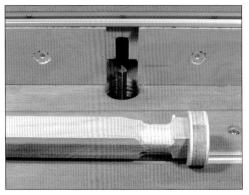 

設定好之後，先銑削一小段測試直徑是否符合自己需求。如果不符，可以調整依板的位置或銑刀的高度，然後再測試。如果相符，就可以直接銑削出圓柱。

3-6　用銑削台做圓把手

圓把手是做櫥櫃時，經常使用的配件。通常不是買現成的，就是用木工車床車製。事實上，用木工銑削台來做圓把手，很簡單又快速。對於沒有木工車床的工作者而言，是一項很有用的技法。尤其可以自己選用喜愛的木料種類、色澤與尺寸大小，還可以利用不同的木工銑刀，做出各種不同的造型。

　　用來做把手的圓柱，若想染色或為了趕時間，可以買現成的圓柱來用。若是要有天然圓木的色澤，則用前節的技法來自製會更好。如果是特殊尺寸的圓徑，當然只有自己做了。

木工雕刻機先裝上 1/4R 刀，同時將依板設置好。1/4R 刀有培林裝置，剛好可以當做止擋的作用。若是用其他沒有培林的銑刀，可以改在依板上安裝擋塊。

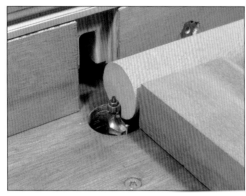

在圓柱的另一側，安裝一支木條，木條厚度要比圓柱半徑厚才可以。

然後試著轉動圓柱，必須能順利的轉動，又不會太鬆而左右搖晃才行。

設定好，即可啟動木工雕刻機。圓柱由右向左推進，至碰到培林即開始轉動圓柱，將把手頂的圓邊銑削出來，然後向右抽回圓柱，再關掉機器。

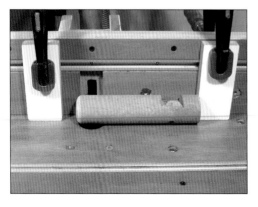

將木工雕刻機裝上鉋花直刀，同時在依板上安裝好擋塊。

一樣在圓柱外側安裝一支木條。

用拙著「做一個漂亮的木榫」2-6 中段的銑削法（第 22 頁）的技法，將把手的圓柱先銑削出來。

調整擋塊位置，同時調高銑刀，再用同樣的方法，將把手的插入柄亦（即要插入櫥門或抽屜面板的部份）銑削出來。

銑削完成後，只需用鋸子將圓把手鋸下來就可以了。

第四章　木工銑削台的製榫作業

我們 「做一個漂亮的木榫—木工雕刻機與修邊機的進階使用」一書，雖有介紹木工銑削台的一些基本技法，同時示範了用木工銑削台做指接榫與鳩尾榫。事實上，其他的常用木榫一樣可以用木工銑削台做出來，本章即擇要示範這些常用木榫的製作技巧。

需特別說明的是方榫的榫孔，雖然可以用平台式的銑削台來做，但並不是很好控制。所以本章不採用這種方式，而改用較安全且能精確控制的橫式銑削台來示範。

木工銑削台很適合用來做「大量」「相同」的木榫。舉例來說，想要一次做四個或八個方榫，可以先用平台式銑削台做出榫頭，再用橫式銑削台或 L 型導尺做榫孔來配合，可以很快就完成。但是，我們也必須了解到，它不太能處理太長、太大或太重的木料。對於太複雜的榫，例如明式家具的各式木榫，用木工銑削台來做也省不到多少時間，甚至要花更大的心力去做治具與設定。所以這個時候，最好改用 L 型導尺，配合導尺固定座或導尺固定夾來做，會比較省時快速。

每個治具都有其長處與限制，我們要深入瞭解同時善用它的特點，也應知道它力有未殆之處，然後因時因地按照自己作品的需求，而選用最快速且精確的技法來使用，千萬不可墨守成規、依循慣例。

4-1　舌槽對接

對接常用在擱板裝入豎板的書架或櫥櫃，一般常採用橫槽或本節的舌槽，也可以則採用下一節的鳩尾槽。橫槽的製作最簡單，只需按照擱板的厚度，在豎板上銑削出橫槽就可以了。而舌槽則稍複雜一點，除了豎板上要銑削出橫槽，擱板也須銑削出舌榫。

　　用木工銑削台來做舌槽對接非常容易，尤其同時做很多塊擱板的家具，可以節省很多時間。只要將左右豎板設定好，就可以連續銑削出位置正確無誤的舌槽，組合時也不會有誤差。而擱板的舌榫，更是設定一次，就可以將所有擱板的舌榫都做出來。

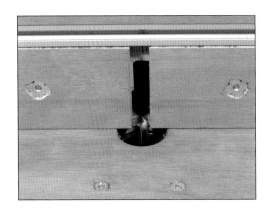

木工雕刻機先裝上 12mm 的鉋花直刀，然後按照擱板的厚度，減去舌槽的寬度，設定好銑刀的高度。再調整左右依板，各距銑刀刃約 1mm 即可。

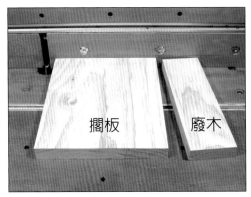

為了避免銑刀銑削過擱板，造成後端木料邊緣被銑刀打裂，可以在擱板的後方加一片廢木，併在一起推進銑削。如果有數塊擱板，可以一塊接一塊推進銑削，到最後一塊再併同廢木推進銑削。

銑削時，由右端向左端推進，擱板要靠緊依板，同時用手壓住貼緊台面。雙手不可以太靠近銑刀，以免發生危險。

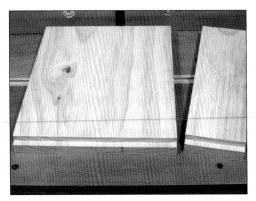

擱板及廢木推進經過銑刀後，就可以關掉木工雕刻機。將擱板翻過面，即可看到舌榫已經做出來了。

用尺量出豎板的舌槽位置，然後調整依板再固定好，就可以做舌槽了。

如果舌槽比 12mm 的直刀窄，就要更換較小尺寸的直刀。如果是較寬，可以換較大尺寸的直刀；也可以仍然用 12mm 的直刀，先銑削一遍，然後在擱板與依板之間，加一片墊木，再銑削一次即可。墊木的厚度即舌槽的寬度減去 12mm。

銑削的推進方法，與舌榫的製作相同，一樣要注意雙手不可以太靠近銑刀，最好是較近銑刀的那隻手改用推板，會更安全。

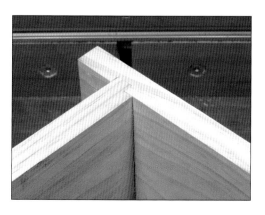

舌槽銑削好，即可對接組合起來。接合時必須塗膠固定，要注意整件家具要維持直角矩形，同時不可以翹曲。

4-2 鳩尾槽對接

製作鳩尾槽對接比舌槽對接或橫槽對接困難，原因在於鳩尾槽的坐落位置是否正確及接合是否緊密。如果接合位置出現偏差，則整個家具就會出現歪斜，甚至有裝不上去的情形。而接合若不夠緊密，就產生不了鳩尾榫的拉力作用，整個家具就鬆垮垮的。

由於鳩尾榫刀〈即三角梭刀〉的尺寸大小有很多種，而每次做的鳩尾槽深度也不盡相同，因此要讓鳩尾槽落在正確的位置是首要的重點；再依據做好的鳩尾槽，做出緊密配合的鳩尾榫是第二個重點。以下就是這兩個重點步驟的示範。

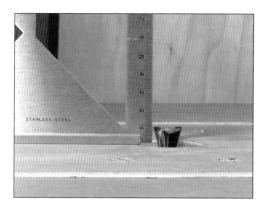

首先裝上鳩尾榫刀，並根據豎板厚度定出鳩尾榫刀的高度，一般約豎板厚度的三分之一至二分之一，也可以按個人的作品需要而調整。

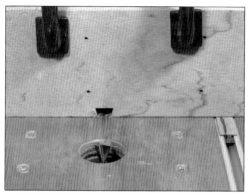

取一片廢木板，用固定夾夾在推板上。啓動木工雕刻機，在廢木板上銑削出一個鳩尾孔。

用三角板的一直角邊貼緊推板，直角剛好頂在鳩尾孔的最細處，然後在三角板另一直角邊貼上一片膠帶（也可以用鉛筆直接在台面上畫一指示線）。貼好一側的膠帶，按相同的方法再貼上另一側的膠帶。

依板

豎板

取下推板換裝上依板，將豎板的鳩尾槽位置與兩片膠帶對齊，然後調整依板與豎板貼緊，再將依板固定好。（這是一種精確對齊的方法，也可以應用於拙著：做一個漂亮的木榫 10-1 貫穿鳩尾榫的製作）

啓動木工雕刻機，豎板貼緊依板然後由右向左推進，由於是一次銑削出鳩尾槽，所以推進速度不要太快。推進時，要注意雙手的位置，不可以太接近木工銑刀，以免發生危險。

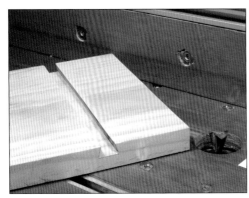

銑削完成，即可見到豎板上的鳩尾槽已很精確的做出來。若是要做好幾個不同位置的鳩尾槽，膠帶就要等到所有鳩尾槽做完後才可撕掉。

接著調整依板的位置，先量出鳩尾槽的最上端最細處（即兩片膠帶之間的距離），然後用擱板的厚度減去這個數據再除以二，就是鳩尾榫刀最尖端應伸出依板的距離。固定好依板，用廢木試銑削看看，沒有問題再正式做出擱板的鳩尾榫。

為了避免木板反彈，可以加裝羽毛板。銑削好一面的斜錐，再轉過面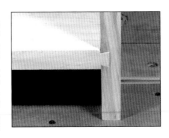銑削另一面，即可做出鳩尾榫，然後用橡皮槌將鳩尾榫敲進鳩尾槽，即完成鳩尾對接。

4-3 十字搭接

十字搭接是兩件木料交叉成直角，接合成同一平面。當然也可以因應作
品的需要，而做成斜搭接或上下交錯的方式。

　　搭接必須做得緊密，才能產生相互固定的作用。萬一作的太鬆，雖然
可以補救回來，但是會多浪費時間又花工，總不如一次就做好來得實際。
因此，在製作十字搭接的過程，要很小心的控制精密度，才能將搭接榫做
得完美。

這個全推台的做法，其實就是推板加上楔片推台的底而已，第二章並沒有示範，讀者可以自己嘗試製作。

一般的十字搭接是按木料厚度各銑削二分之一深，當做榫槽再搭接起來。槽的寬度則是另片搭接木料的寬度，所以將兩片木料放在要搭接的位置，相互描出線就可以了。

如果搭接的木料比全推台短，可以設置擋塊以加快操作效率。如果木料較長，則用固定夾或肘節夾將木料夾在全推台上來操作。

固定好一邊的擋塊，移動木料，對準另一側的邊線，再固定另一個擋塊。

先分次逐步將兩木料廢料部分分別銑削至接近榫槽線為止。

然後按搭接榫槽的深度，調整鉋花直刀的高度，銑削到榫槽的深度。

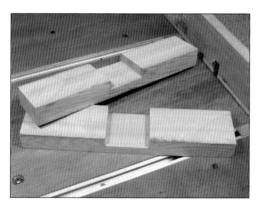

如果搭接的位置是在木料的正中央，設定擋塊的位置相同，則銑削好一支木料後，可以直接換上另一支來銑削。如果不是在正中央，則需重新設定擋塊才可以。

做好搭接槽，只要將兩支木料交叉對齊，用橡皮槌敲緊，就可以接合起來。若要膠合，可以事先塗膠。萬一做得太鬆，可以黏一塊木片，重新製作榫槽，即補救回來。

4-4 轉角三缺榫

　　　　缺榫很類似方榫，也有人將其稱為開口方榫。由於接合強度不如方榫，因此使用率不如方榫那般廣泛。然而某些特殊的三缺榫，例如明式家具常使用的夾頭榫與插肩榫〈參看拙著「做一個漂亮的木榫」第 82 頁至第 95 頁〉，一樣能達到堅強的接合效果。

　　本節示範的是三缺榫的基本樣式，主要目的是讓讀者學習更多的木工銑削台操作技巧，同時了解不同的方榫頭製作技法，可以舉一反三，再進一步的發展出更好的技術。

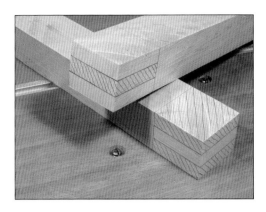

首先將榫頭與裂口榫都劃出來，廢料部分用斜線標示出來。

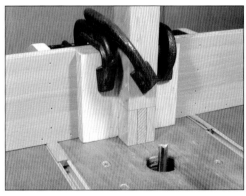

裂口榫可以用全推板來製作。為了避免木料晃動，可以在兩側加裝擋塊，木料一樣用固定夾夾住。

裂口榫通常都很深，最好分次逐步銑削，機器比較不吃力，銑刀也比較不會快速鈍掉。

裂口榫的完成圖

在依板上夾一片擋塊，再將榫頭木料放在半推台上，頂住擋塊；然後對齊鉋花直刀，最後將依板固定。

啓動木工雕刻機，先銑削一小段，與裂口榫試合看看，若接合順利即可繼續再銑削；不然即須再調整銑刀高度，繼續測試。

由於銑刀一次就調到榫肩厚度，所以需薄薄一點一點銑削，至榫頭木料頂到擋塊為止。然後再翻面，繼續銑削至做出榫頭為止。

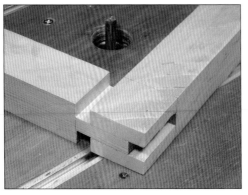

做好榫頭，就可以與裂口榫組合起來，完成轉角三缺榫。

4-5 方榫

由前一節「轉角三缺榫」可以瞭解，方榫的榫頭能很容易的用平台式銑削台做出來。至於方榫的榫孔，雖一樣可以用平台式銑削台來做，但不太容易控制，尤其是較深的榫孔或貫穿方榫，稍不小心就會弄壞木料，甚至發生危險。本節示範比較安全且容易控制的平台式銑削台，來說明如何快速的製作方榫。

就製作方榫榫頭的速度而言，最快的是圓鋸機。帶鋸機若加上修榫的時間，則與木工雕刻機差不多，但是操作大木料就很方便。因此選擇器材時，大木料的第一優先是帶鋸機，其次是圓鋸機；其他大小的木料，第一優選是圓鋸機，其次是帶鋸機或木工雕刻機。至於方榫孔，則可以於木工雕刻機或角鑿機選擇其一。

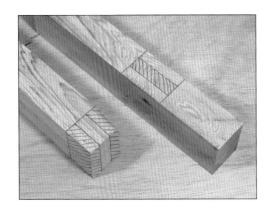

首先將榫頭與榫孔，用鉛筆標示出來；斜線部份就是要去除的廢木。

將橫式銑削台與萬向雲台架設好。

用角尺量出直角，然後裝上擋木。擋木上安裝兩個肘節夾，以輔助固定木料。

加一木片以防止榫頭木料的邊緣破裂

在擋木與榫頭木料之間，夾一片木芯板或三夾板，以防止銑削時劈裂木料。肘節夾的固定螺栓，要調整好位置與高度，確實夾緊木料。

設定好銑刀高度，即可開始銑削。操作時，先將雲台推進一點點，然後由左向右橫移銑削。不斷重複這個動作，至銑削完成為止。

銑削掉一邊的廢木，即可打開肘節夾，將木料翻面，依前述動作，將另一面的廢木也銑削掉。。

兩邊的廢木都銑削掉之後，雙榫肩的方榫頭就做好了。

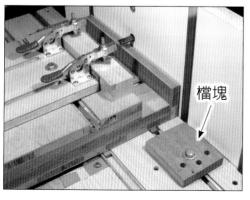

檔塊

做方榫孔時，有肘節夾的擋木要橫過來裝好。雲台的兩側要裝上擋塊，以控制榫孔的位置。

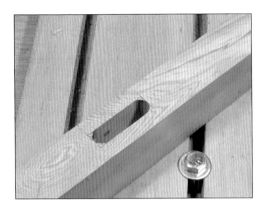

銑削榫孔的方法，與前述做方榫頭的方式相同。做好的榫孔，四個角都是圓角，可以用鑿刀將其修成方角。

修榫孔時，先修短邊再修長邊，木料比較不易裂開。

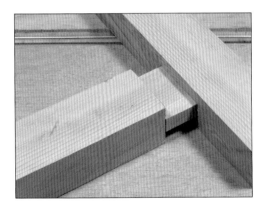

榫孔修好後，即可試著組合。如果太緊，可以將榫頭修薄一點，或是加寬榫孔。如果太鬆，則在榫頭部黏上木片，重新做榫頭。

試組沒問題，即可將方榫組合起來。

4-6　蝴蝶鍵片

蝴蝶鍵片也稱做鳩尾鍵片，常用來防止木板的龜裂，或是當作裝飾用途。一般製作蝴蝶鍵片，都是先把蝴蝶鍵片裁出來，然後在要裝鍵片的位置，擺好鍵片再描出鍵片的邊緣線，以手工或修邊機鑿出鍵片孔，再塗膠黏牢，最後鉋平或磨平板面。這種方式，適合用於防止木板龜裂的情況，可以按照需求的大小、厚薄來製作鍵片，然後再安裝妥當。若是用來當裝飾，鍵片數量往往較多，而且也不會太大，這個時候採用鍵片型板來安裝鍵片，會節省許多時間。而如何以簡易的方法來製作鍵片型板，然後能夠快速的安裝，即是以下要示範說明的重點。

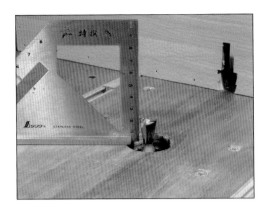

木工銑削台裝好鳩尾榫刀〈即三角梭刀〉，就按蝴蝶鍵片的一半高度訂出鳩尾榫刀伸出台面的高度。

取一片三分或四分的三夾板，鋸成等寬的兩片。

將這兩片三夾板面對面對摺起來，然後用膠布綑綁整齊。

綑綁好的三夾板，用 F 夾夾在推板上。

按照所要的鍵片大小，先將一半的蝴蝶鍵片型板銑削出來。如果一次的銑削未能達到所要的大小，可以鬆開 F 夾，稍微移動三夾板，然後重新固定好再銑削一次。可以重複這個動作，直到自己滿意為止。

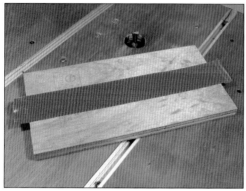

銑削好的型板，背面朝上，對齊好，然後貼上一片膠布。

將兩片三夾板對折，露出相接觸的部分。

在上面塗滿膠。

然後折回成原來的平面，正面朝上。可以看到多餘的膠溢出來了。

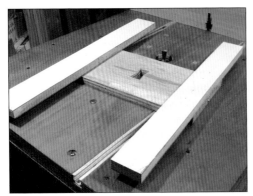

將溢出來的膠擦掉，然後兩側各釘一長板條固定。因為裝置蝴蝶鍵片的位置，往往在整塊板料較中間的位置，若沒有長板條就很難固定住型板。

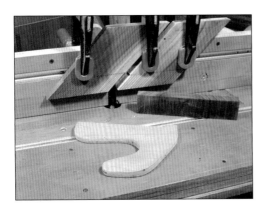

取下銑削台上的推板，改裝上依板，並按照鍵片木料的高度裝上羽毛板。鍵片木料送料銑削時，用輔助推板由外緣頂住推進，經過四次的翻轉銑削，即能銑削出柱狀的整條蝴蝶鍵片。

銑削好的蝴蝶鍵片柱，先用型板對照試裝，看是否適合。若是不合，就重拿回銑削台修整。

大小若沒有問題，就按照需求的厚度，用帶鋸機或圓鋸機鋸出鍵片。

由圖右可以看到木板有一個孔，可以裝上蝴蝶鍵片來遮掩。安裝型板時，兩端各舖一片與型板等厚的夾板，然後用固定夾夾緊。

鍵片孔的銑削，用後紐刀。〈很像修邊刀，只是培林在銑刀刃的上方。〉

將後鈕刀裝上修邊機，然後銑削出所需的深度。

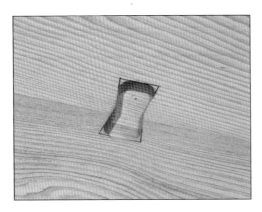

銑削好鍵片孔，拆掉型板，可以看到除了四個角，鍵片樣式的其餘部分已經顯現出來。

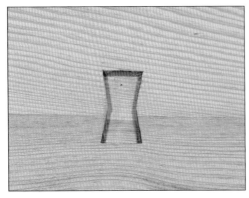

用鑿刀將四個角的廢料鑿除。

然後塗上膠，再裝入鍵片。

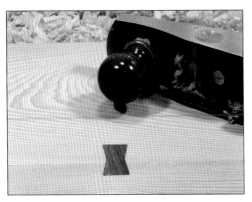

等膠乾了，用鉋刀將板面鉋平，或是用砂布機磨平，即完成蝴蝶鍵片的整個安裝過程。

4-7　漂流木的方榫

漂流木家具及樹枝家具向來是木工 DIY 的熱門項目，而扭曲不規則的枝幹，卻常成為創作的最大障礙。如何像細木作一樣，做出複斜結構的桌椅，是創作者最大的考驗。

　　複斜角度的方榫接合，若是腳材較細，通常是採用「直榫頭、複斜榫孔」的方式，一般家用的餐桌椅常可以看到。若是腳材粗碩，不會有木理被截斷之虞，則可以改用「複斜榫頭、直榫孔」的方式接合。前者難在修榫孔，考驗鑿刀的操作技巧；後者難在做榫頭，必須思考如何做出準確複斜角度的方榫頭。本節以木工雕刻機當範例，來說明如何精確控制榫頭的複斜角度。這個方法當然可以轉用到圓鋸機或帶鋸機等其他機器上，讀者若有興趣可以加以測試看看。

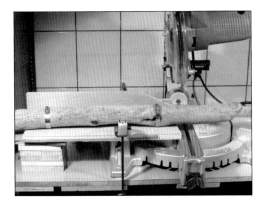

要切出複斜角度的桌腳或椅腳，最方便的方法，就是使用多角度切斷機；也可以使用圓鋸機。為了防止漂流木滾動，可以用木芯板做一個 L 型的固定台，上面加兩道鎖塑膠水管的不鏽鋼夾或其他的綑綁帶來固定。

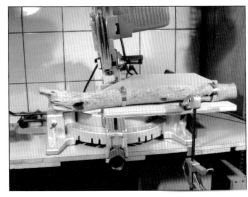

鋸出漂流木一端的複斜端面，平移固定台到多角度切斷機的另一側，再鋸一次，一支椅腳〈本例以椅腳當範例〉就鋸出來了。

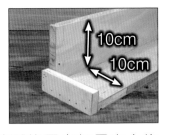

一般東方人的椅面很少超過 50cm，漂流木的椅面木料又比一般椅子厚，所以固定椅腳的固定架長度大約 50 至 55cm 就夠了。內緣的寬度與深度，則各為 10cm。

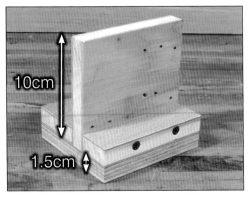

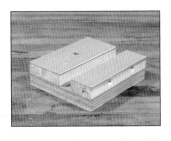

另需要一個輔助架，底面用 5cmX10cm 的五分三夾板，上面釘兩片木芯板，剛好夾住椅腳的固定板，然後由側邊用兩顆螺絲將固定板鎖緊。

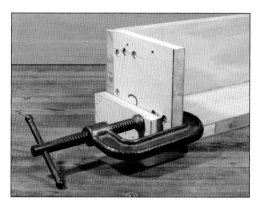

一端的椅腳固定板先用夾子夾住，然後從固定台的背面，用螺絲將固定板鎖緊。底面也一樣用螺絲鎖緊，這樣才不會晃動。

將椅腳一端頂緊固定台的左端角落，端面不可以有任何空隙。右端以鎖在輔助台的固定板，一樣頂緊不可以有空隙。先用固定夾暫時夾住，然後檢查確認沒有問題，就可以鎖上固定螺絲。

固定螺絲

固定螺絲

兩端的固定螺絲，要各鎖兩個，以防止木料轉動。

榫頭銑削預定線

椅腳木料固定好之後，在固定架的側面與底面各鑽兩個孔，然後用螺栓鎖在複合式銑削台上。接著在固定台的側面頂端，畫出榫頭的銑削預定線。

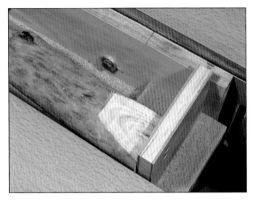

用 L 型導尺，沿著榫頭銑削預定線及右端的固定板架好，用木工雕刻機配合刃長 60mm 的鉋花直刀，將榫頭的第一個面銑削出來。

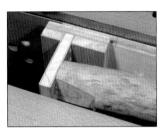

接著將固定架翻轉，左右及前後個翻轉 90 度，一樣用螺栓固定住固定架，然後依上述的方法，銑削出榫頭的第二個面。

將固定架與固定板的螺絲鬆開，讓已銑削好的兩個榫頭面朝內、同時朝下，再鎖回原來的固定螺絲。一樣依前述的方法銑削出榫頭的第三個面。

接著按榫頭第二個面的做法，將固定架翻轉，即能銑削出榫頭的第四個面，一支複斜的椅腳就完成了。另一組複斜椅腳，只需固定位置對調即可做出來。

第五章　其他技法

本章 銑削的技法，不似第一章專論整平木料，也不像第二、三、四章專論木工銑削台的技法。然而這一類的技法卻是包羅萬象，限於篇幅無法一一列舉，只提出最常用的幾項供讀者參考。

在所有木工機器或電動工具中，做圓板或圓弧最方便快速的，非木工雕刻機與修邊機莫屬。而這兩種用途的治具，做法也非常多。這一章介紹的治具，儘量採用最容易製作的方法，希望即使是初學者，也都有能力做出來。做圓板的治具，同時也可以用來做圓榫頭，方法與木工銑削台不同，可以一併參考。

而鉸鏈型板治具，則是做櫥櫃的好幫手，可以節省許多裝鉸鏈的時間。

至於鳩尾榫治具，則是幫助沒有木工銑削台的工作者；或是要製作大型家具，而這些大片尺寸的板料，不適合在銑削台上加工的情況，提供一個解決問題的方法。特別是「以銑削台來做鳩尾榫的尾部，以鳩尾榫治具來做鳩尾榫栓部」的方式來做鳩尾榫，更是完美的結合，可以快速又精確的做出漂亮又密合得鳩尾榫。

圓柱車削治具的用途很多，很難一一列舉示範，所以只說明基本結構，讀者可以自由變化運用。

5-1 圓弧治具

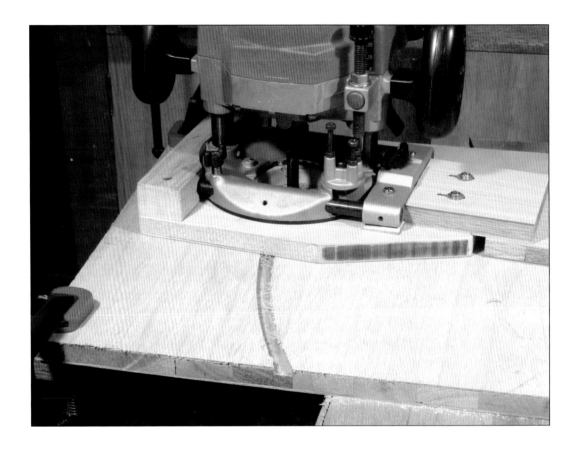

圓弧治具常在做圓桌的製作過程看到，事實上它與下一節的圓板治具一樣，還經常被用做各種配件或型板。在木工製作的過程，每次做圓弧或大圓板的直徑都不相同，因此製作治具就須做最大可能性的考量，尤其是微調的裝置。還有治具的堅固與耐久性，以及製作的方便性，一樣需加斟酌。

先在直線導板各鑽一個 5mm 的孔。

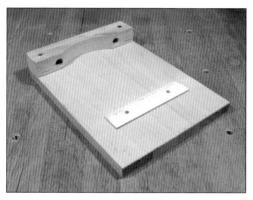

然後在一片六分的木芯板上釘一片實木。實木按木工雕刻機底座鋸出圓弧，同時鑽出兩個 12mm 的直線導板鋼棒的容納孔，另一端則鑽兩個四角螺帽孔，孔的上端加一片墊片，讓直線導板可以緊密貼住木芯板。

在木工雕刻機底座的圓心相對位置，鑽一個與木工雕刻機底座孔一樣大小的圓孔。

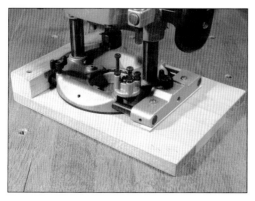

木工雕刻機裝上直線導板，一端插入實木的兩個孔，另一端則用螺栓鎖緊固定。測試沒有問題，就先拆下木工雕刻機，準備做微調槽的固定孔。

木芯板的右側鑽兩個微調槽的固定孔，底面一樣裝上四角螺帽。

將木芯板翻過面，可以清楚看到四角螺帽的安裝情形。

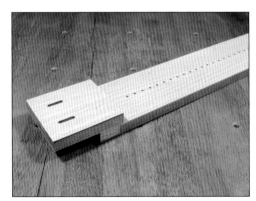

圓弧柄用一片長條的木芯板，每二至三公分鑽一個 3.5mm 的孔，另一端加釘一小片木芯板，上面銑削兩道微調槽。

用兩支螺栓穿過圓弧柄的微調槽，將底座板鎖緊，同時把多餘的底座板木料鋸掉，整個圓弧治具就做好了。

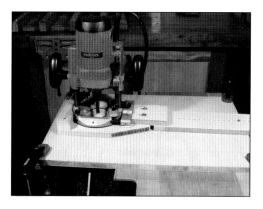

操作時，只需按照圓弧大小，用螺絲或鐵釘固定住圓弧柄的孔，若有需要則利用微調槽做微調。

圖左可以很清楚看到螺絲固定住圓弧柄的情形。

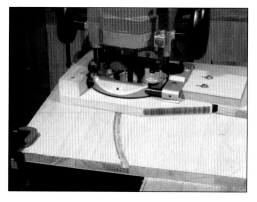

啓動木工雕刻機，即可銑削出圓弧。

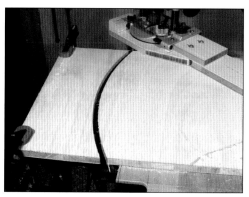

若要銑削透木料，要記得在底部墊一片廢木板，才不會損壞工作台。

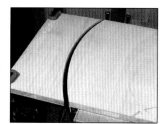

5-2 圓板與圓榫頭治具

這個圓板與圓榫頭治具，是利用圓餐桌的轉盤加以改裝而成的。木工雕刻機被架在轉盤中間旋轉，按照每次設定的位置，可以形成不同的同心圓，根據這個特點，就可以幫助我們完成一些作品上的需求。

如果轉盤底下放置一塊木芯板或三夾板當底板，底板上方就可以固定住工作物，用來做圓板或圓盤類的作品或配件。

若把圓盤架在複合式銑削台上，就可以用來做圓榫頭。這個功能對做圓柱榫頭或漂流木的圓榫頭有很大幫助，常做這類榫頭的讀者，可以善加利用。

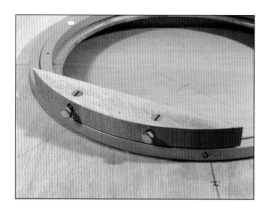

圓餐桌的圓盤，外圈的底面有螺釘孔，可以把圓盤固定在木芯板上。內圈的螺釘孔朝上，剛好用來固定住木工雕刻機。固定木用實木來製作，一端的孔鑽透，同時裝上圓柱螺帽，這樣就可以用來頂緊木工雕刻機上的鋼棒。

另一端固定木的鋼棒孔，不必鑽透。

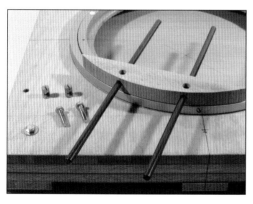

安裝時，從鑽透孔這一端穿入鋼棒，接著穿過木工雕刻機，再穿入另一端的不透孔。然後裝入圓柱螺帽，用螺栓鎖緊固定。

做圓板或圓盤時，木料要如圖右的方式，以螺釘固定在底板上。為了

避免螺釘不小心被木工銑刀掃到，最好不要把螺釘凸出表面。

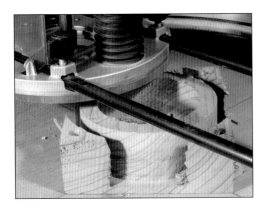

設定好同心圓的位置，只要不斷左右旋轉木工雕刻機，到所需的深度就可以了。

工作物最好不要銑削透底，一方面不會傷到底板，同時可以讓螺釘依然發揮固定的作用。剩下的部分，可以先用帶鋸機鋸除，再用修邊刀修平。

接著將上緣的內外緣，用兩分的 1/4R 刀導成圓角，下緣用四分的 1/4R 刀一樣導成圓角，一個初胚就完成了。其他部分不是這裡的探討重點，就不另示範。

接下來要示範如何做圓榫頭。首先把複合式銑削台的垂直置料架，

按圖左的方式裝上固定架。

固定架部的 V 字木，用膠黏在垂直置料架上，背面裝上 T 字螺帽，再鎖上螺桿。垂直置料架可以裝上快拆夾，方便調整位置高低與角度。

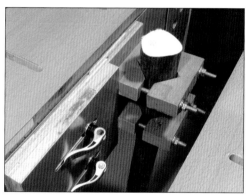

無論圓柱或不規則的漂流木，用兩組 V 字木來夾住，都非常牢固也無法轉動木料，用木工雕刻機銑削的時候很安全。

設定好銑削的位置，一樣左右旋轉木工雕刻機，就可以很迅速把圓榫頭做出來。

從圖左可以很清楚看到做出來的圓榫頭，非常的圓又非常的漂亮。

5-3 鉸鏈型板

傳統木工做鉸鏈孔，通常使用鑿刀。對於不擅長操作鑿刀的初入門工作者而言，是一個很大的考驗。本節要介紹一個很容易做、又很有效率的鉸鏈型板，來解決製作鉸鏈型板的難題。

這個型板做法很簡單、快速，但美中不足的是一個型板只能適用一個尺寸的鉸鏈；如果要更換不同尺寸的鉸鏈，就須另做一個不同尺寸的型板才行。還好，從小木盒到裝潢隔間的木門，常用的鉸鏈也沒幾種，尚不至於造成大困擾。

首先取一片長約 20 公分的六分木芯板，在中央位置，用鉛筆描繪出鉸鏈的邊線。

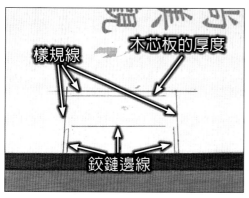

在鉸鏈的長邊，加上木芯板的厚度，畫出第二條長邊線。再在最外圍畫出樣規線。〈若使用 10mm 的黑色樣規導板，木工銑刀用 6mm 的鉋花直刀，則每邊加 2mm 即可。〉

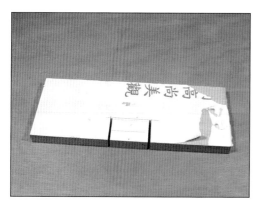

先用圓鋸機，沿著短邊的樣規線鋸出一條槽。

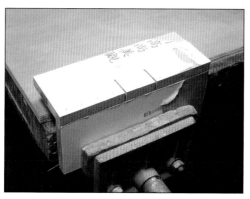

再將型板釘在固定板上。

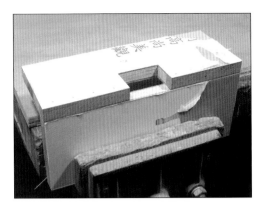

用修邊機配合直線導板，將中間的廢料銑削掉。

將修邊機的壓克力底座取下來裝樣規。〈樣規導板的裝法，請參考拙著「做一個漂亮的木榫」第 38 頁。〉

裝上樣規後，把壓克力底座套回修邊機備用。

首先在鉸鏈型板的後方，夾上一片木芯板當測試板。

先將修邊機放在鉸鏈型板上歸零，再依所使用的鉸鏈調整好鉋花直刀的深度，即可啓動修邊機開始銑削。

指示線

銑削完後，一個平整的鉸鏈孔就做好了。同時型板的固定板也銑削出指示線，將來正式操作時，可以很容易對線。

移開鉸鏈型板，剛才銑削好的鉸鏈孔，裝上鉸鏈，即如圖左所示。

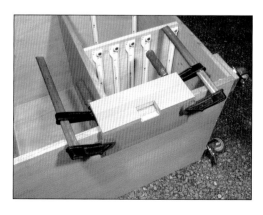

圖左是利用鉸鏈型板，銑削出 2-1 節木工銑削台門板的鉸鏈孔之操作情形。

5-4 鳩尾榫治具

設計這組鳩尾榫治具的初始原因，是因為太長、太寬或太重的木料，例如衣櫥或大的酒櫃，很難用木工銑削台來做鳩尾榫。還有某些人或某些情況可能沒有木工銑削台，如果仍想要用木工雕刻機來做鳩尾榫，就必須解決這些問題。

木工 DIY 製作治具的最大原則是：「簡單、容易製作。」從這個治具就可以看到，似乎很複雜的問題，只要把握住機器的特性，就可以很容易的解決。

首先製作治具的基台，樣式很像銑削台依板的縮小版，長度約 40 至 50cm。另外準備一片木芯板或四分以上的三夾板，用來隔開治具與工作物。

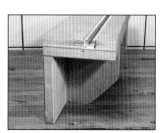

這片分隔板是耗材，所以用兩顆螺絲鎖緊固定即可。

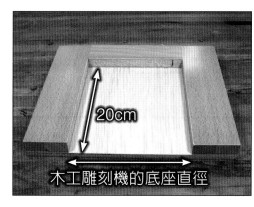

20cm

木工雕刻機的底座直徑

鳩尾部的治具很簡單，只要根據木工雕刻機底座直徑，在三分的三夾板左右兩側各釘一片木芯板，尾端再釘一片木芯板當擋塊就可以了。

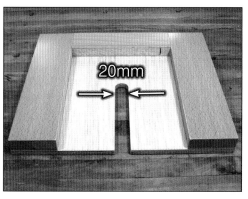

20mm

中間用 20mm 的鉋花直刀銑削出一道長槽，這樣就可以拿來使用了。

為了配合軌道來固定治具及方便調整治具的位置，在尾端的兩側，各

搪一道固定槽，用 M8 螺栓配合四角螺帽來使用。

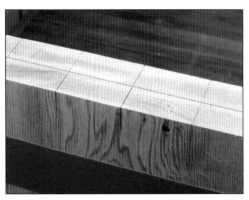

要做鳩尾部的板料，先用膠帶纏在一起，避免製作過程移位。接著在

板料的端面畫出鳩尾部的等分線。〈畫法可以參照拙著「做一個漂亮的木榫」第 152 頁〉

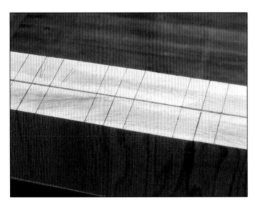

在等分線的左右兩側 10mm 處各劃一條基準線。這兩條基準線，就是鳩尾部治具用來對齊的線。

接著用固定夾將治具基台夾在板料的後面，基台的面要與板料的端面維持在同一平面才可以。

把鳩尾部治具對齊板料的端面的基準線，然後鎖緊螺栓固定住治具。

木工雕刻機裝上鳩尾榫刀〈即三角梭刀〉，調整到所需的銑削深度，就可以啓動機器，將一道鳩尾槽銑削出來。

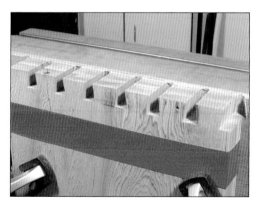

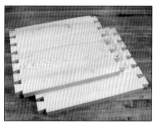

接著調整位置，逐次依照上述的方法，即可將一端的鳩尾全部銑削出來。上下反轉板料，重複整個過程，就可以把另一端的鳩尾也做出來。

接著換上栓部的板料，一樣夾住治具基台。基台上方夾好剛剛做好的鳩尾部板料，這樣就可以很輕鬆、容易的畫出栓部的投影線。

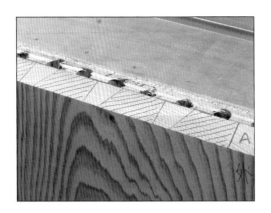

為了避免忙中出錯，把要銑削掉的部分，用鉛筆畫出斜線。

做栓部的治具，其實只是兩支短的直線導尺，在頂端各鋸掉一小塊 15°斜角的木片。然後再各鑽一個螺栓固定孔，及各搪出一道螺栓固定槽。

將直線導尺對齊板料端面的投影線，然後將螺栓鎖緊，固定住治具。

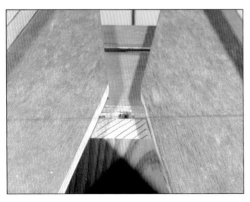

治具對齊投影線的動作很重要，會關係到將來做出來的鳩尾榫能否接合緊密。首次製作時，可以分別將治具對齊投影線的內側或外側，及壓在投影線的中央，各做一個榫，找出自己的操作習慣，以後就可以很容易做出緊密的鳩尾榫。

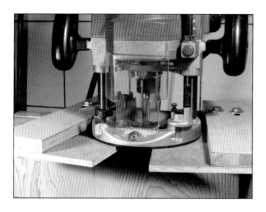

木工雕刻機換上鉋花直刀，調到所需的深度，即可啓動機器銑削。

重複上述的動作，就可以將整排的栓部都做出來。栓部板料與基台之間的隔板，難免會在銑削過程，被銑削到而損壞，只需下次使用時上下反轉過來使用，或是將損壞的部分鋸掉再重新鎖上基台，就能繼續用到不能再用為止。

拆掉治具與基台，就可以看到整個栓部做好的模樣。這片板料是用兩片二手木拼接而成，中間有一個損毀的小凹孔，是前面示範蝴蝶鍵片的位置，讀者不妨翻閱對照。

將鳩尾板料與栓部板料組合在一起，就可以看到一組緊密接合的鳩尾榫了。

5-5 圓柱車削治具

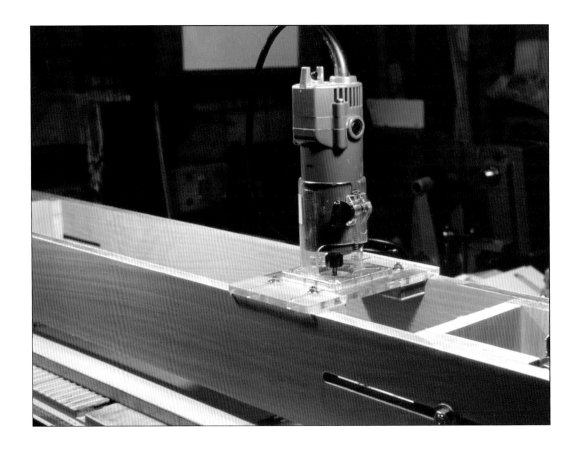

　　圓柱車削治具原是木工車床的一個常用治具，用來刻花或是做一些特殊效果，以增加車床作品的豐富性。事實上，只需在兩端做一些小調整，即使沒有木工車床，一樣可以變化出許多花樣。特別是桌腳、椅腳類的配件，若不是很熟練車床技巧的人，也很難車削出四支一模一樣的桌腳或椅腳，更不用說還要在上面刻花。然而利用第三章的銑削台技巧，再加上本節的治具，前面說的這些難題，都可以迎刃而解。剩下的就是讀者的創意，要賦予作品如何的變化了。

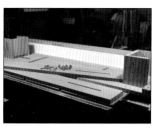

治具兩端的
結構很簡單，
只要在一片底
板三面各釘一
塊側板成ㄇ字

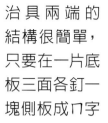

形，然後鎖定在一塊大板上，頭尾對齊
就可以了。如果要做微調，可以在兩側
各開一道槽。

壓克力的圓盤，中心鑽一個孔當轉軸，
圓板緣按需求等分鑽出一圈圓孔。中
心孔旁邊要另鑽一個木料固定孔，這
樣木料才不會在操作的過程打轉。

長的木螺絲因為尾端是平滑的圓柱
形，不會傷到治具的木芯板，所以用來
當中心孔的螺絲。外圈的等分孔，用小
螺絲固定就可以了。這樣就可以在兩
端之間架上工作物了。

接著在兩側加
上側板。側板
可以按照各種
狀況，架設成
水平或傾斜，
然後用修邊機配合加大底板或木工雕
刻機配合 1-3 節的治具來使用。

作者簡介

陳秉魁

現任 "當代木工藝術研習所"
木工 DIY 教學課程 總教師

http://chinesewoodworking.blogspot.tw
https://www.facebook.com/chinesewoodworking
chinesewoodworking2013@gmail.com

2013年
專職主持 "當代木工藝術研習所"

2012年09月
發表個人創作作品展 "甘做江湖一廢材"

2010年04月
出版第二本個人木工著作 "樂活木工輕鬆作
— 木工雕刻機與Router Table的魔法奇招"

2007年04月
出版第一本個人木工著作 "做一個漂亮的木榫
— 木工雕刻機與修邊機的進階使用"

2007年06月
創作作品 "患電腦症候群的人:二愣子" 參
加總統府藝廊展出「工藝有夢 — 總統府文化
台灣特展」

2005年
哈莉貓藝術工房榮獲文建會評定為 「臺灣工
藝之店」

2000年
創作作品「變形的表情」榮獲第八屆台灣工藝
設計競賽入選

哈莉貓木工講堂
http://harimauwoodworking.blogspot.tw
https://www.facebook.com/harimauwoodworking
harimauwoodworking@gmail.com

樂活木工輕鬆作：
木工雕刻機與 Router Table 的魔法奇招

作者	陳秉魁
美編設計	陳怡任 ELAINE
美編排版	李志清 Aching
	色譜創意設計有限公司

出版者	新形象出版事業有限公司
負責人	陳偉賢
地址	新北市中和區中和路322號8樓之1
mail	new_image322@hotmail.com
電話	(02)2927-8446　(02)2920-7133
傳真	(02)2927-8446
製版所	鴻順印刷文化事業(股)公司
印刷所	弘盛彩色印刷股份有限公司

總代理	北星圖書事業股份有限公司
地址	新北市永和區中正路462號B1
門市	北星圖書事業股份有限公司
地址	新北市永和區中正路462號B1
電話	(02)2922-9000
傳真	(02)2922-9041
網址	www.nsbooks.com.tw
郵撥帳號	0544500-7北星圖書帳戶
本版發行	2015 年 6 月
定價	NT$ 560元整

國家圖書館出版品預行編目資料

樂活木工輕鬆作：木工雕刻機與 Router Table
的魔法奇招
陳秉魁作.--臺北市:陳秉魁,民99.04
　　面　；　公分
ISBN 978-957-41-7092-0 (平裝)

1. 木工　2.機械設備
474.1　　　　　　　　　　　99005501